My Venture Business

マイ
ベンチャー
ビジネス

奥田 光

東京図書出版

はじめに

　この本は、サラリーマンを辞めて起業し、その会社を譲渡するまでの経験を、記憶を辿りながら書き綴ったものです。

　新たな事業を始める時、就職する時、あるいは転職する時、何を考え何を拠り所に決断するのでしょうか。

　強い意志をもって突き進む場合、漠然と流れに身を任せる場合、止む無く選択せざるを得ない場合など。それは人により、状況により様々でしょう。

　最初は自分の記録としてまとめておこうと考え、この本を書き始めました。書いているうちに、その時考えたり感じたりしたことが頭の中に蘇り、そうした内容も織り込むことにしました。書き進めていく中で、当時はぼんやり感じていたことが明確に認識される、そんなことが何度もありました。きっと多くの人の参考になるだろうなと思いつつ、自然に読み手を意識して書くようになっていました。

　新たなビジネスを始め、進めようとすると、様々な課題が目の前に現れます。そうした経験も、具体的に記しました。これから初めて起業しようとする方にとっては、期待と共に何が待ち構えているのか不安でいっぱいだと思います。一例ではありますが、具体的なイメージを持つヒントになると思います。

この本が、仕事人生で岐路に立とうとする方、またマイベンチャービジネスを進める方の一助となれば幸いです。

マイベンチャービジネス

目次

第1章 起業まで

退職

2000年3月、長く勤めた大手精密機器メーカーを退職した。以前から起業しようと考え、上司に意志は伝えていたが辞めきれずにいた。10年越し、三度目の正直だった。これを逃せば、年齢的にも起業は難しくなるだろう。ただ、この時点で何をやるか決めていたわけではない。会社を離れて考えれば何か出てくるだろう、自分を追い込めば何か考え出せるだろうと、漠然と思っていた。

以前の会社

学生の頃、サラリーマンになるのに抵抗があった。特にやりたいことがあったわけではない。考えても、これといった選択肢は浮かばない。結局会社勤めを選ばざるを得なかった。

会社全体が見えないような、超大企業はイヤだった。会社が何を考え、どこへ向かっているか、自分がどこにいるか、それが分かる会社が良かった。

入社後は、自分なりに頑張った。仕事のできる人になりたかった。与えられた仕事に全力でぶつかりたかった。だが、会社や事業所の慣習などもあり、残業は制限され、労働組合の業務も強制される。フラストレーションがたまった。所謂ブラック企業と真反対で良い会社ではあるのだが、自分の意志とは隔たりがあった。

こうした環境で何年か過ごすと、慣れてしまう。適合してしまう。いつの間にか、仕事に向かうエネルギーも徐々に失っていった。

入社して何年か経った頃、頭の中で起業を意識するようになっていた。最初からそうしたかったのかもしれないが、経験のない学生にはハードルが高すぎた。多少の経験を積み、少しはイメージを持つことができるようになっていた。

業務の幅

当初は材料開発に従事していた。所属部門は会社の主流ではなく、規模が小さかった。結構何でも自分でやらなければならない。測定評価装置の開発や新製品の立ち上げ、工程設計や設備導入などにも取り組んだ。営業に同行しての売り込みや社外との交渉の機会にも恵まれた。

入社後実習などを終え、実務に携わり始めて3カ月ほどの頃だったろうか、初めての出張を指示された。開発していたのは光学材料だったが、多角化の一環で電子部品材料にも取り組んでいた。光学材料ではひと通りの測定器が揃っており、評価技術も充実していたが、電子部品材料は全くの畑違いだった。ガラス中を伝搬する超音波の速度を測定する必要があったが、特殊な領域だったため市販の装置だけでは測定できず、複数の装置と自作の回路を組み合わせなければならない。その評価方法を、顧客である電子部品メーカーに行って聞いてくるというのが出張の目的だった。聞いてくるだけではなく、装置を導入しなければならない。

対応してくれたのは、ベテランの管理職だった。新入社員が非礼を顧みず、根掘り葉掘り細部まで質問攻めにした。今から思えば、よく根気強く丁寧に応じていただけたものだ。

その人物は、数年後その会社の役員になっていた。

一般にエンジニアは会社内にこもりがちだが、外部を意識する良いきっかけになった。装置の開発には、材料に特有の固有技術に加え、電気、機械、ソフトウェアなどの汎用技術も必要になる。仕事の合間を見て、幅広く勉強した。市販装置で対応できる部分もあるが、扱う材料やその用途に関わる様々なノウハウを考慮し、自作することも多かった。測定評価自体が競争力の源泉の一つになることもあった。

通常大企業では役割が明確化、細分化されており、エンジニアの専門性は深まるが、幅を広げるのは難しい。私の場合、所属部署が会社の主力分野から外れていたこともあり、結果的に専門外の技術にチャレンジする姿勢が身に付いた。やってみれば結構何とかなる、自信も付いた。

光学という分野だったことも大きかった。今では液晶などでも必要で、家電メーカーなどが光学技術者を抱えている。しかし、電気機械などの技術者に比べるとまだまだマイナーな分野で、逆に競争力の源泉になり得る分野だったかもしれない。

ビジネスの楽しさ

入社して5年程経った頃、従来にない特殊な高精度レンズがテーマに上り、その材料を担当していた。光学特性や均質性など、要求精度はこれまでと桁が違っていた。材料は、自社で製作するものの他、外部から購入するものもあった。製造するためには、極度に不純物を除去した原料、混入がなく高い均質性が得られる製造設備、環境とプロセスが要求される。対応できる設備を設計し、導入した。

測定評価も、高度なレベルで行う必要があった。市販品で可能な装置は導入し、販売していないものは製作したり、企画設計して製造委託したりした。

レンズ設計側からの要求事項に対応した材料仕様をまとめ、規格、検査基準も作成した。これに基づいた購入仕様書も準備した。

外部から購入する材料については、2社に出張して仕様や検査基準を確認し、納期や価格などを詰めた。一人で出向いたが、権限は委譲されていた。相手は専業メーカーで、先方へ出向くと、営業、品質保証、製造、検査、技術など、担当者がズラッと並んだ。

予想外の質問などもあったが、取引内容は概ねまとめた。取引の場でビジネスの面白さを実感できた。

大きな企業だからこそ関われたプロジェクトで、小さな組織ゆえにできた経験だった。一連の流れの中で、様々な要素に関わることができた。材料という視点から、全体を見据えた発想を持つことができた。

新分野を開拓するためには

新しい分野を開拓する時、複数の技術を組み合わせることが有効になる場合が多い。コンポジット、ハイブリッドなどの言葉が日常使われるようになっている。もちろん、一つの技術を極めて生み出す新分野、新商品もあるが、単一分野の研究開発は煮詰まっていて相当絞り込まれている。それに対して、組み合わせは可能性を広げる。

マーケティングで付加価値を考える場合も、同様の原理が適応できるのではないだろうか。複数の要素を組み合わせることによって、より差別化が図りやすい。

以前、T字型人材という言葉が流行ったが、新事業や新分野を開拓するにはT字型が欠かせない。技術やマーケットが高度化、複雑化し、業務が専門化、細分化して、思考、判断が単純化、表面化しやすくなっている。既存の概念を打ち破って新しい何かを生み出すためには、根の張った深みのある軸足と広い視野を持った自由な発想が必要だ。

随分前になるが、大手家電メーカーの方からおそらく70年代頃の経験をお聞きしたことがある。ドイツの家電大手企業に出張して、ある商品開発について打ち合わせをした際、こちらは数名に対し先方は大人数でズラリと並んだ。各セクションで担当が分かれている。仕事が細分化されていてそれぞれ担当がおり、何かを決めようとすると大勢が集まらないと決まらない。それが、今では自社がそんな状況になっている、とのことだった。業務が高度化、専門化し、組織が細分化されている。時代の流れで仕方のないことなのか、「エントロピーは増大する」が如く、組織の法則なのか。いずれにせよ、全体感が捉えにくくなっている。マルチな人材が育ちにくくなっている。

90年代だったろうか。関連子会社や新事業を経験させて経営人材を育成する、そんな方法が紹介されていた。最近では、『サイロ・エフェクト』といった書籍などで、高度専門化による業務の細分化と全体感の欠如が問題として指摘されている。こうした課題は新分野開拓に限らず、現代の組織運営全体に関わっているのかもしれない。

米国のベンチャー視察

退職した翌月、前の会社の契約社員で米国駐在の友人M氏から、ベンチャーをやるなら一度米国の状況を見に来ないかと誘いがあった。新事業を担当していた時に何度かシリコンバレーに行ったが、最初に同行してくれた人物だった。M氏は元々倒産した大手証券会社でイギリス駐在や法人営業をしていた。その後米国の証券会社の日本法人にいて、M&Aなどにも詳しかった。そんな関係で、金融業界や米国のベンチャー事情に通じていた。

米国のベンチャーといえばシリコンバレーのITベンチャーが有名だが、この時期、ワシントン郊外でバイオベンチャーが盛んになっていた。M氏が拠点を置いていたバージニア州フェアファックスカウンティもその中心地だった。シリコンバレーとも共通点は多い。行政が積極的に誘致を進め、ベンチャーキャピタル、弁護士、会計士などのサポーターが集結している。シリコンバレー近くにスタンフォードがあって、研究開発や人材供給拠点の一つになっているが、こちらにも車で1時間ほどのところに大学があった。投資銀行などの金融機関がファンドを組成し、多くいるベンチャーの成功者達も、資金や経験を生かした助言などでベンチャー企業を後押しする。

以前シリコンバレーを訪問した時は、パソコンメーカー、周辺機器メーカー数社を訪れたが、ミーティングに出てきた半数は中国系、残りのさらに半数はインド系だった。世界中から人材が集まっている。彼らはこうしたベンチャーを牽引し、あるいは独立して自ら起業する。また、ここで学んで自国に帰り、大手企業に就職したり起業したりする。日本人も時々見かけたが、その多くは日本の大企業の社員で、一定期間駐在しているケースがほとんどだった。

米国のベンチャー事業の進め方は、非常に合理的だ。競争力のあるアイデアを練って事業計画を作成し、投資家に売り込む。事業化に必要な要素、金融以外にも法律、各種コンサルティングなどの専門家が集結している。起業家も、すべてを抱え込まず、それぞれのプロをうまく活用する。関係者のベクトルは、事業の成功に向け一致している。そして何よりも、世界中から夢を追いかけるハングリーな人達が集まって、切磋琢磨している。成功者が多く出てくるのも頷ける。スピードも速い。

日本はどうだろう。ベンチャーキャピタルやファンドはある程度進展しているようだが、米国と比べるとかなり異なるように感じる。日本の場合、金融系のカラーが強く、事業、ビジネスに関する部分が弱いのではないか。我こそはと手を挙げる人も少ない。人材も大企業に集中しすぎている。敢えてリスクを取らず、保守的になる、そんな文化がベースにあるせいだろうか。

戦後新しい会社、事業がどんどん生まれた。おそらくその頃はハングリー精神に満ち溢れていただろう。その後高度成長期を迎え、バブル経済を経て今や成熟化してきた。格差が広がりつつあるが、まだまだ国際的に見ると豊かな国、豊かな生活が維持できている。保守的なのはそんな時代のせいなのだろうか。

最近、大企業に人材が集まりすぎていて起業が少ないという視点から、従業員の副業を認める施策が検討されている。これも一つの要素だろう。ただ、起業環境を整えることは重要で是非進めるべきだが、やはり、起業マインドの低さが本質ではないだろうか。

大学発ベンチャーが、少しずつ増加してきているようだ。こうした流れが大きくなっていけば、日本経済が活性化する一つの要因になり得るかもしれない。期待したい。

起業の動機

自分自身、起業に際しては、アメリカンスタイルのベンチャーはしっくりこなかった。日本にそうした環境が不十分であったことも一因かもしれないが、以前から持っていた感覚がそれにフィットしないのが最大の理由であろう。当時、大企業で企業内ベンチャーがニュースになっていた。もしアメリカンスタイルを取りたいが環境が不十分、ということであれば、企業内ベンチャーでも良かったのかもしれない。前の会社でそんな機会が得られたかどうかは疑問だが。いずれにせよ、短時間で事業の成功と成長を望むのなら、そうした選択を指向すべきだが、そうはしなかった（しようとしたところで、誰にも相手にされなかったかもしれないが）。

自分が思ったように、誰に遠慮することなく自由に事業を展開できる、自己責任で進める、サラリーマンと対極にあるイメージ、それが描いていた理想だったのかもしれない。

実際、そんな形で事業を進めても、顧客や取引先、従業員など決して思い通りにさせてくれるわけではない。これでもかこれでもかと、次々に壁が立ち塞がる。しかし、すべては自分の意志で選択できる。自分でリスクを取りさえすれば、いつでも避けたり止めたり立ち止まったりする自由はある。当時具体的にそう意識していたわけではないが、今から振り返ってみるとそういう選択をした気がする。究極の我が儘だったのかもしれない。

事業の内容とIT

事業内容を考え始めた。そう甘くはなかった。いざ一人になって起業に向き合ったが、なかなかアイデアが出てこない。ネットで様々な情報を入手し、ヒントを探し、異業種交流会などにも参加した。時間だけが経過していった。

以前の会社では、工場勤務も経験した。ものづくりは元々創造的で楽しいものだが、だんだんと事情が変わってきていた。グローバル化に伴ってＩＳＯが導入され、管理面での標準化が進められた。工場の業務は、ただ物に向き合うだけではなく、細部までルール化され、資料を作成管理するウェイトが高まった。大変窮屈になっていった。自分の経歴からはメーカーで起業するのが合っているのだろうが、そうでない分野を指向した。

時代はIT最盛期だった（ITバブル崩壊が近づいていたが）。経済新聞には日々IT関連の記事が躍り、これからはITが経済発展を牽引すると考えられた。以前測定装置の制御やデータ管理でプログラムを作成した経験があり、パソコンには多少知識があった。

IT関連で何かできないか、頭で、あるいは机上でその方向に向かっていた。

ITについて

ITはパソコン、携帯電話、スマホなどのハード、それに関わる、あるいは世の中のあらゆるシステムを司るソフトなど、従来にない巨大な市場を作り出した。特定の事業だけではなく、あらゆる事業分野に多大な影響を及ぼす。従来電話、FAX、書面などで人が伝えていた情報が、インターネットを通じて瞬時に大量に、場所を選ばず伝達される。情報の内容も簡単に変換され、大量のデータが低コストで行き来し活用される。オフィスの様子も一変し、誰もがパソコンに向かって仕事をするようになった。これによって業務は大幅に効率化された。もちろん個々の業務だけではない。事業全体がダイナミックに変革された。大企業でさえ、顧客に直接商品サービスを届けられるようになった。ダイレクトに消費者の情報が得られるようになった。ＩＴは多くの業務を飛躍的に合理化し、サプライチェーンも一変させた。

確かにＩＴは経済を大きく発展させる重要な要素ではあるが、すべての分野について発展させるばかりではない。効率化に伴って、不必要な業務や事業が沢山出てきた。業界内では各社が効率化してコストを削減し、価格が下がる。コスト競争が起きる。一人勝ちのケースも生まれる。ついていけない企業は淘汰される。メーカーが通販を多用すると、代理店や卸売業が中抜きされ、卸売業などの業界全体が厳しくなるケースもある。こうした状況だけを見ると、市場は大幅に縮小している。

企業は淘汰されないために、業務を必死で効率化しなければならない。効率化によって生じた余力は、リストラか既存事業における付加価値の向上、あるいは新事業などの新たな展開が必要となる。

日本企業はどう対応したのだろうか。企業は積極的にＩＴを導入し、効率化を進めた。余力が生じた。しかし、新たな付加価値や新事業は生み出せず、リストラで絞り込んで売り上げを縮小させた企業が多かったのではないか。

高度成長期以降、多くの企業は拡大よりも維持発展に努めてきた。社会が保守化したのと同様に、企業も構造的には守りを重視してきた。体質や人材もそれに対応して固められ、変革や創造には不向きな体質になっていった。

結局大きな投資を必要とする分野、ノウハウ満載の分野、複雑で一朝一夕では生み出せない分野など、簡単に真似のできない懐の深い分野は強さを維持発展できている。特徴の少ない真似されやすい足の短い分野では、じり貧状態にならざるを得ない。

開発途上国の進展も著しい。グローバル競争を勝ち抜くには、もう絞るだけでは限界だ。再度強みを認識し直して競争戦略を再構築する必要がある。

ＩＴは機械化、自動化、ロボット化、さらにはＡＩ化と似ている。ある部分では人の仕事が奪われる。だが全体的に効率化、レベルアップされ、新たな可能性が生まれる。それを生かすも殺すも担い手次第ではないか。

起業

話を元に戻そう。夏頃になってようやくビジネスプランをまとめた。焦りを感じる中で、無理やりまとめた、といった方が当たっているかもしれない。年配者がパソコン、特にインターネットを活用できるように教育制度を整える事業だ。

今では誰もが利用しているネット販売だが、当時は普及し始めたところだった。今後ますます拡大が見込まれた。

団塊の世代が定年を迎え、高齢化が進む。お年寄りはフットワークが重くなる。社会との関わりが少なくなり、情報から遠ざかる。買い物も簡単ではない。そんな人達がインターネットを活用すると、世界が広がり買い物などの不自由さも緩和される。ただ、ネット環境を整えたり使いこなしたりするのは不慣れな年配者にはハードルが高い。

一方、事務などを経験して出産などで一旦退職、子育ての後、子供も少し手が離れてきた女性は、新たなライフワーク、収入源が必要となる（今では、随分様子が変わってきているが）。そんな人達にとって、パソコンは身近な存在で、少し知識を得られれば、ネット環境の整備や使い方の指導はそう難しいものではない。

そこで、指導者のためのパソコン環境設定、使い方教室を開く。一定の知識を身に付けた人を年配者の家庭に派遣する。こうして年配者がインターネットを活用できるようにする。そんなパソコン教育事業を考えた。

登記

8月後半、会社設立の準備を始めた。登記は勉強と費用節約のため自分でやってみることにした。解説書付きの様式集を購入した。会社の基本的な事項を決定し、手順を確認して順次必要な書類を整えた。社名や目的を法務局でチェックした。定款認証を公証人役場で受ける。意外と簡単にクリアしたが、費用はかなり高かった。大きなトラブルもなく、9月に入り、生まれ育った大阪市内に無事会社は設立された。

その後商法が改定され、資本金の制約や電子申請による印紙代の一部廃止など多少株式会社設立がしやすくなった。それでも、費用は20万円以上掛かる。

第2章　事業スタート

事業開始

10月から事業活動をスタートさせた。まず大手企業でＩＴ部門を経験し、定年退職した経験豊かなI氏に加わってもらい、相談しながら2名の若手を採用した。小規模な教室も整えた。

年配者がパソコン、インターネットに興味を持ってもらえるかを確かめる意味もあり、パソコン家庭教師の派遣に関する新聞折り込み広告を配布した。確か10万部程度であったと記憶している。かなり反応があるだろうと待ち受けていたのだが、予想に反してレスポンスがない。電話がかかってこない。結局、数件問い合わせが来て、1～2件訪問したにとどまった。しかも単発で続かない。

挫　折

思えば事業感がなかった。顧客を獲得する重さ、難しさ、実感がなかった。ニーズさえあれば、広告を出すだけで反応が得られるものと思い込んでいた。消費者が購入に至るプロセスを甘く見ていた。ブランド力の全くない会社が一度広告を出した程度で消費者が飛びついたら、皆苦労はしないだろう。たちまち大きな壁に行き当たった。

当初考えたビジネスプランは横に置き、とりあえず会社を維持していけるように、身近なところでパソコン教室、家庭教師、接続設定、ホームページ作成など、パソコンに関する様々なビジネスに取り組んだ。折り込み広告、朝の駅前でのビラ配布で集客を試みたり、大手通信会社やパソコンメーカーの業務を請け負ったりした。大手の下請けは、通信会社のＡＤＳＬ契約、接続設定、パソコンメーカーの初期設定や使い方指導など。大手は代理店を通し、孫請け、さらにその下請けなどが当たり前だった。１社通るごとにフィーは半額になり、大手のクオリティーが求められる割には実入りが少なかった。

ビラ配布は、ネットの人材サイトで見つけたアルバイトも使った。ただ、朝約束の場所に行っても誰も現れず、すっぽかされることが何度もあった。結局自分達で配布することがほとんどだった。ビラまきも、なかなか進まなかった。１時間でせいぜい２００枚程度だったろうか。簡単には受け取ってもらえない。自分が受け取るときのことを思えば、当たり前のことなのだが。一声掛けてやっと何人かに一人、自然に〝ありがとうございます〟の言葉も出た。

サラリーマン時代は会社の看板で仕事をしていた。それが今や会社とはいえ零細企業、自分の顔が看板で、自分を守ってくれる盾がない。近所の酒屋、理容店、飲食店など個人で商売をしている人の苦労が分かったような気がした。

経費を切り詰め、やっと何とか継続できる、それが精一杯だった。最初のビジネスプランにはとても近づけなかった。

あるとき大手デパートの担当者が訪ねてきた。食材の販売をネットでやりたいのだが、特にターゲットとなる年配の人向けにはパソコンの扱いがネックになってしまう。それで、コラボの可能性を相談しにきたのだ。最初のビジネスプランは、例えばこのデパートなどとのコラボレーションで考えれば突破口はあったかもしれない。世の中の潜在的なニーズはあったはずだ。だが、現実のビジネスとして成り立たせる要素が必要だ。市場は簡単には反応してくれない。年配者の財布のひもは固い。

２年余り、２００２年末でパソコン関連事業は断念した。社員は２名残っていたが、それぞれに別の道を選んだ。

注文を取り、商品サービスを提供し、お金を回収する。この当たり前のルーチンをいかに現実感をもって描けるか、具体的に回していけるか。それが、事業を担う前提だった。高価な授業料だったが、今更ながら勉強させてもらった。

厳しい起業環境

高度成長期、まだ物やサービスが充足していなかった頃、市場動向を見てトレンドに乗っているものを捉え、滞りなく事業化を進めればそれなりに成功する、そんなイメージがあった。その後、物やサービスが溢れ、バブルが崩壊し、さらにＩＴ化が進んで、ただ必要なものを供給するだけでは十分な付加価値は得られない時代になった。事業を成功させるためには、他には真似のできないオンリーワンが必要だ。また、止まっていればすぐに追いつかれる。常に新しいものを開拓する意欲とスピードが求められる。

商習慣でも日本では起業に厳しい面がある。商談では、会社概要に加え実績が問われる。新しい企業にはもちろん実績はない。特に大企業では、取引先のリストに載せてもらうためには、たとえ担当者を説得できても稟議書を回して決済を得なければならない。稟議書の既定項目には、不利な内容が並んでしまう。

事業転換の模索

パソコン関連事業をやめる少し前から、異なる分野の可能性を探っていた。以前取得した中小企業診断士の資格を生かし、公的機関を通じたコンサルティング、ヘッドハンティング会社や光学関連企業の顧問など、勉強と副収入を兼ねて取り組みながら、新たな事業を模索した。以前の会社で、最後は経営企画部に所属し、大企業の経営を直接見る貴重な機会に恵まれていた。そんな経験も何とか生かせないだろうかと考えていた。

米国にいたM氏から、「帰国するので一緒に何かやらないか」と持ちかけられた。M氏の金融系、外資系での経験も生かし、コンサルティング会社を模索した。だが、何かしっくり来なかった。

第3章　レーザー関連事業への転換

レーザー関連事業

以前勤務していた大手企業で、可視光半導体レーザーを使った事業をしている会社と付き合いがあった。その会社にレンズを販売し、開発のサポートもしていた。そこで営業を取り仕切っていた人物K氏から、声が掛かった。彼は会社のオーナーとうまくいっておらず、こちらの状況を耳にして、それならレーザービジネス、特に今後伸びていくであろうグリーンレーザー関連ビジネスを一緒にやらないか、というものだった。レーザーポインターや可視光のマーキングツールはニッチな産業だ。市場規模が小さく、大企業の参入は難しい。一方で、商品はシンプルだが技術分野は光学、電気、機械と要素が多く、競合は少ない。何より以前より関わっていた分野で、なじみが深い。

最初のケースと違って事業のイメージが実感できた。ほとんど迷うこともなく決断し、準備を開始した。結局、随分遠回りして自分の得意分野に戻った。

レーザーポインターは元々赤色がほとんどだったが、当時国内でグリーンの商品が出始めていた。緑は赤より視認性が高く、同じエネルギーで比視感度が４〜８倍高い。その輝きには、今後の市場拡大を感じさせるものがあった。ただ、赤色と異なりその構造は複雑だった。赤色レーザーポインターは、赤色半導体レーザーから出射される光をレンズでビームに変換すれば良い。しかし、緑色半導体レーザーはまだ実用化されていなかった。近赤外半導体レーザーと、波長を変換する2種類の結晶を組み合わせた複雑な固体レーザーを使用する必要があった。また、数年前に発生した事故を契機に、安全性に関する法規制が加えられ（消費生活用製品安全法：ＰＳＣ認証）、商品化のハードルは高かった。

レーザーモジュールの確保

最初に、心臓部にあたるグリーンの半導体励起固体レーザー（ＤＰＳＳ）の確保に動いた。国内では、商品化されているものは見当たらなかったが、大手電機メーカーS社が開発中だった。早速見積もりをもらった。だが、話にならなかった。このモジュールだけで、想定していた市場販売価格と同等だった。仕方なく、海外に目を向けた。昔だったら、困難を極めたであろう調査だが、インターネットのおかげで比較的簡単に候補をピックアップすることができた。台湾、中国などで候補が見つかった。そのうちの3社にメールを送り、前向きな対応をしてくれた台湾メーカーL社に当たってみることにした。

いきなり海外メーカーとの取引、ここは一つ一つ勉強しながら進めるしかない。まずは飛んで行って自分の目で確かめることにした。

言葉が通じない。中国語はまったく分からない。知り合いを通じて、ある台湾人を紹介してもらった。とても親切なS氏で、後に様々な部品調達でお世話になることになる。今でも、お付き合いさせていただいている。

L社とはメール(英語)でやり取りし、訪問日時が決まった。お盆のすぐ後で、日程が迫っていたこともあり、航空券が取れない。ビジネスクラスもない。結局、近くの関西国際空港はあきらめ、中部国際空港からの便を確保した。空港までは、新幹線で行くことになった。

当日朝、S氏が台北のホテル近くでピックアップしてくれ、車でL社へ向かった。近くに着いた頃、S氏がL社の担当者に電話を入れた。ところが、担当者が休んでいる。自転車で通勤中交通事故に遭い、けがをしたらしい。代わりにセールスマネージャーとエンジニアが対応してくれることになった。台湾は交通事故が多いようだ。この後も、交通事故の話はあちこちで聞いた。

L社は空港近くの桃園市北側、高速道路出口のすぐそばに位置する。大きな建物に中小企業が何社も集まっているミニ工業団地のような場所だ。台湾にはこのような形態がよく見られる。

以前の会社で、新事業であるハードディスク基板事業を担当したことがあった。取引先はシリコンバレーに多く、会社や技術の紹介で何度かサンノゼなどへ出張した。その時の経験を踏まえて英語のプレゼン資料を用意し、会社、自分の紹介やこれからやろうとしていることなどを説明した。L社は日本との取引経験があり、日本市場の状況やPSC認証についても知識を持っていて、解決策を提示してきた。大変心強かった。早速その場で制御回路付きグリーンレーザーモジュールのサンプル品を現金で購入し、持ち帰った。

帰りのフライトで、客室乗務員がワインを注ぐのを失敗して、少し服を汚してしまった。逆にそこからのサービスは特別扱いだった。この出張で少し先が見えてきたこともあり、快適なフライトだった。

モジュールの評価と開発

会社に戻り、必要な測定器を整え、一通りの評価を行った。見えかけていた光明は、一気に吹き飛んだ。出力が安定しない。出力を光パワーメーターに取り込み数値を見ていると、照射直後からどんどん値が変化する。倍になったと思ったら半分になる。法規制は上限1㎽で、高めに設定すると変化して上限を超え、余裕をもって低めに設定すると、せっかくのグリーンの特性が生かせず暗い。サンプルを入手したときは、これをベースに設計すれば商品化できると思っていたが、その考えは甘かった。

電気回路を調べた。ＰＳＣ認証では、出力を安定させるためのフィードバック制御が求められていた。出力をモニターし、それに応じてコントロールするものだ。しかし、実際は駆動電流を一定にして制御する定電流回路だった。これではＰＳＣ認証をクリアできない。

フィードバック方式とそれに応じた制御回路を設計し直さなければならない。早速出力の一部をモニターしてフィードバックを掛ける機構を設計した。電気回路については、得意分野ではない。友人に相談してたたき台を設計してもらった。

ＰＳＣ認証は、その内容を把握するのが難しかった。法律では、ＪＩＳ規格に基づいて規定されているが、具体的にどう対応すればよいかは分からない。通達などが参考になるが、これも具体的にどうすればよいかは明記されていなかった。結局検査機関に確認しに行った。検査機関も、聞いた部分には答えてくれるが、ここが抜けているなどのサジェスチョンはしてくれなかった。やり取りを繰り返すうち、ポイントが少しずつ見えてきて、それを確認してまた次。そのような繰り返しで、一歩一歩核心に近づくような歩みだった。

特にグリーンレーザーについては検査機関も経験が浅く、認証の基準にあいまいさがうかがえた。

基準の一つに、単一故障モード対応という項目があった。一つの故障（複数の故障が重なった場合は除く）の際にも、出力は規定内に収まっていなければならない。普通に考えて、これは無数のケースが考えられる。電気回路の問題、筐体や様々な機構の問題、光学系の問題。規定には、単一故障モードという言葉以上の記載はない。こうした項目については、国と検査機関などで検討、決定されるようだが、内容は公開はされていない。実際には、電子回路上で、一つの能動部品内での短絡で生じる故障が想定されていた。この規定にたどり着くのに、かなりの時間を無駄にした。

グリーンレーザーモジュールは、かなり厄介な代物だった。課題を解決するために様々な実験を繰り返したが、結果は大きくばらついた。考えられる要因が多いうえ、再現性が乏しい。きっちりと再現してくれれば、少ない実験で詰めていけるのだが、一つ一つの実験を統計的に処理していかなければならない。何日も何日も部屋にこもり、電子回路を修正してはんだごてと悪戦苦闘し、ひたすら実験を繰り返した。

電子回路や制御機構でできることは、かなり詰めた。それでもレーザーモジュールの出力は不安定だった。電気的にはほぼ完全に対応できたはずだが、どうしても解決できない課題が残った。この不安定性に対しては、徹底的な検査で対応せざるを得なかった。出力は温度によって、また時間経過とともに変化する。出力の許容できる振れ幅を設定し、モジュール一点一点を5℃刻みのプレート上に置き、光パワーメーターと睨めっこしながら各温度での経時変化を追った。

出力については、安定性以外にもいくつかの問題があった。一つは立ち上がりのオーバーシュート。スイッチをONにした瞬間、一瞬規定値を超えてしまう現象がしばしば見られた。コンデンサーの配置、容量の検討などで対処した。出力の発振も問題だった。オペアンプの使い方や、受動部品の組み合わせなどを工夫した。

電気回路はL社での製造を諦め、実験結果を織り込んだPSC認証対応の新たな回路を設計し、国内で手配した。

台湾のL社には、PSC認証を含めた様々な問題点を説明した。特に温度特性に関して多くの不良品が発生したが、無償交換で対応してくれることになった。大変助かった。

部品の調達

レーザーや電気回路以外にも、様々な調達部品があった。まずは筐体。レーザーポインターでは金属パイプを用いて点を照射するペンタイプが多い。これに対して点だけのものに加え、ラインやサークルの照射できる多機能タイプも企画した。筐体形状は多機能を実現させるための構造が必要で、ＴＶのリモコンのような形状にした。設計に当たり、古くなったＴＶのリモコンを分解し、参考にした。ペンタイプはテーブルの上で転がりやすいが、これはその心配がなく、持ちやすい安定形状になった。プラスチックの筐体は、本来ならこれを３Ｄで設計し、金型設計に持ち込むが、３Ｄに対応できず、とりあえず２Ｄで設計した。光学的な機能はもちろん、強度や電池周り、使い勝手にも気を配った。

多機能タイプは、従来の赤色レーザーポインターで数機種見られた。原理は圧電素子やガルバノ*を使ってミラーを振動させるものだ。機構的には面白いが複雑で、コストと特に強度に問題がある。レーザーポインターは、その用途から、つい手を滑らせて落下させてしまうことがある。それに耐えなければならない。技術はシンプルに越したことはない。他の方法を考えて、モーターを使用する案にした。モーター軸に僅かな角度を付けてミラーを配置、これでレーザーを反射させてサークルを描く。モーターはもちろん耐久性があり、省エネでコンパクトなものが良い。検討の結果、携帯電話の振動モーターを使うことにした。

部品の調達は何かと苦労した。名もなき零細企業は、相手にしてもらえない。電子部品などの汎用品はまだ良いが、特殊な部品は大変だった。メーカーに当たると、会社規模や実績を聞かれる。モーターの場合、数量がネックとなって取り合ってもらえなかった。最低1万個、高いハードルだった。普通のアプローチはあきらめて、何とか別ルートを模索した。大阪日本橋の電器店街をうろうろ歩き回っていて、あるパーツショップに「血管に入るモーター」という謳い文句でホビー用超小型モーターが置いてあった。早速このモーターを購入し、販売元を調べた。商社のようだ。携帯電話用に販売しているものと同じメーカー製品だった。半端品などを横流ししているのだろうか。そこから、100個単位で適当な数量を調達することができた。

金属やプラスチックの加工部品は、できるだけ汎用部品を使用した。ボールやピン、スプリングなどは、汎用品が上市されている。高精度にもかかわらず、価格は新たに設計して加工依頼するのと1~2桁違う。それでもある程度の部品は図面を描いて特注せざるを得ない。以前の会社の取引先などに依頼した。昔のなじみで快く受けてもらい、助かった。

その他に、パッケージやラベルなども手配した。版代が掛かる。売り上げがないまま、さらに資金が出ていった。ただ、いろいろと物知りになれた。

＊ ガルバノ：磁界中にコイルを配置し、電流を流すとコイルが動く構造。

ＰＳＣ認証取得

２００４年になってようやくＰＳＣ認証をクリアできる目途が立ち、検査機関に検査を依頼した。検査に当たっては、高額な検査料をはじめ、製品としての体裁が整った検査サンプルが必要だ。量産で使用する検査設備もあらかじめ準備する必要がある。一旦事業が行き詰まって事業転換を図り、収入のない中で先行投資を重ねてやっとここまで来たが、財務状況は悲惨な状況だった。

こうして昔の資料を見返しながら文章を書いていると、当時の感覚が蘇る。もう後がなく、まさに背水の陣。覚悟を決めて前だけを見た。一旦進むべき道を決めた上はひたすら目の前の課題に向かっていた。ただ、ボンヤリと将来に可能性が感じられた。希望さえ持てれば、日々の努力は苦にならなかった。

販売の突破口

開発と並行して、営業活動も開始していた。Ｋ氏と共に、主に関東の販売先候補を回った。その中で、事務用機器、教育用機器を扱っているUグループの子会社C社がグリーンレーザーポインターに関心を示してくれた。C社は赤色レーザーポインターを自社開発して販売しているメーカーだ。伺った事業所は東京駅からJRで10分ほどで、ある有名な映画の舞台、「湾岸署」に利用されていたところだ。さすがに玄関フロアは立派だった。

何とか採用してもらおうと、試作品を持ち込んだ。その日、たまたま会議室が満室だった。打ち合わせの場所がない。仕方なく、社長室の前に打ち合わせスペースがあったので、そこで話をしていた。C社はレーザーポインターに詳しい。それだけに、グリーンの魅力は理解している。同時に、その不安定性とリスクも十分に把握していた。グリーンの魅力は分かるが、技術的にどうだろうか、話し合いはなかなか進展しない。そんなところに、社長が通りかかった。ちょうど試作品のレーザー光を壁に照射していた。社長はそれに気付き、こちらに寄ってきた。先方の社員が立ち上がり、我々を紹介した。試作品についても簡単に説明した。社長がいきなり、「これは面白い。すぐ商品化しろ。ただ、デザインはできてないな、やり直せ」社員に指示して社長室に消えた。これで、一気にC社へのOEM供給*に向けて動くことになった。

＊ OEM（Original Equipment Manufacturer）とは、発注先企業のブランド名で販売される製品を製造すること。製造だけでなく企画や設計、デザインなどの段階から請け負う場合はODM（Original Design Manufacturer）とよばれることもある。本書では、ほとんどがODMに該当す

るが、広義の意味でＯＥＭと表現する。

パートナーK氏

Ｋ氏は営業活動に長け、信頼できる唯一のパートナーであり、私が開発さえすれば、必ず販売先を確保すると約束してくれていた。拠点は私が大阪、Ｋ氏は広島とコミュニケーションは取りにくいが、気持ちは一つになっていた。少し高齢のため、これからエンジンを全開させる前に、病院できっちり検査を受ける目的で、１週間の予定で入院した。

退院を翌日に予定していた頃だったろうか、連絡があった。Ｋ氏が脳梗塞で倒れたらしい。ショックだった。これからという時に。本人はもっとショックに違いない。幸い病院内だったので、少し時間はかかるが何とか復帰してくれるに違いない。そう期待して様子を見た。ところが、２～３週間してまた連絡が来た。２度目の脳梗塞が起こってしまった。２度目はまずい。かなり病状は悪化した。当面は仕事どころではない。これからどうすれば良いのだろう。せっかく先が見え始めたのに。ただ、本人の悔しさを考えると、ここで立ち止まるわけにはいかない。とにかくやるべきことをやるだけだ。それしかない。

第4章　レーザー関連事業スタート

事業スタート

サンプル品の検査と並行して、3月には工場審査が行われた。特にレーザーポインター専用の検査員がいるわけではなく、ISOの検査員が審査に来た。以前の会社でISO9001の審査を受けた時のことを思い出しながら、大きな問題はなく終了した。5月、ついに認証を得て、販売できるようになった。後で分かったが、同じ頃に先行1社に加え大手文具メーカーのK社ともう1社がグリーンレーザーポインターの認証を得ていた。

一人ではどうしようもない。開発はもちろん営業も自分でやるとしても、生産しなければならない。以前いた会社で独立志向の強かったT君を思い出した。技術系のT君は手先が器用で、コツコツとまじめに仕事するタイプだ。早速声を掛けた。結局6月から来てくれることになった。家が遠くて通うのは難しく、会社の一室に泊まり込んで週末に帰るパターンとなった。

営業活動に力を注いだ。K氏に紹介してもらったいくつかの会社を訪問した。K氏本人でないとなかなか相手にしてもらえない会社も多かったが、教材メーカーなどの数社は、カタログに載せることを約束してくれた。

値付けは難しかった。先行している1社が参考になるが、教材メーカーやOEM供給の場合の値付けは頭を悩ませた。文具、教材などの業界、卸、直販などの形態、それぞれに慣習などもあったが、事情をつかめない場合も多かった。

売り上げはすぐには上がらなかった。カタログはタイミングがある。教材業界では、多くは4月にリニューアルされる。しかも2年に1度。

直販も検討した。ホームページを作成し、買い物カゴも取り付けた。だが、ホームページを開設しただけで、そう簡単に販売できるわけがない。

初めて売れたのは7月の終わり頃だった。四国のある商社から2台の注文が入った。これは先行している同業者からのもので、おそらく市場調査が目的だったのだろう。結局、パラパラと売れ始めたのは9月からで、それも月数台程度だった。

OEMのスタート

C社とはその後、商品化に向けて準備を進めた。ポイントだけの単機能、ライン、サークルも描写できる多機能の2機種を企画した。社長から指摘されたデザインは、C社がデザイナーに委託して作成し、我が社と色違いで使用することになった。新デザインで金型を製作し、量産品前提の試作品を提出した。だが、グリーンレーザーの難しさもあって、なかなか採用が決まらない。売り上げがほとんど上がらない中、焦りが募った。

8月末、意を決してC社を訪問した。先方は、開発、営業、品質保証などの責任者、担当者などが席を連ねた。グリーンレーザーの不安定さはあるものの、検査で何とか選別し、手は掛かるが良いものだけを供給する体制はできていた。このままズルズルいけば、会社は持たない。現状を説明し、何とか商品化をスタートして欲しいと訴えた。必死だった。一番権限のある開発部長がしばらく考えたのち、「分かりました。やりましょう。注文を出すので、10月に納品してください」そう言ってくれた。うれしかった。ありがたかった。様々なものが込み上げてきた。これで前に進むことができる。

OEMが決まる前、最寄駅を出て景色を見ながらC社に向かって歩いている時、いつか商談がまとまって具体的な話をしにこの道を通る自分をボンヤリと想像していた。それが現実になった。殺風景な道が楽しく感じられた。思えば同様の経験は何度かあった。いつも前向きに考えていたのだろう。

その後C社からいくつかの指摘があった。サークル描写のモーターについて、具体的な特性データが求められた。動くものはトラブルの原因になりやすい。描くサークルの基準も定めた。ライン描写はロッドレンズを使用していたため、両端が細くなっていく。これについては、マスクしてカットすることになった。落下試験も繰り返し行って、試験条件を定めた。その他生産に向けて検討を繰り返し、何度か出向いて打ち合わせを重ね、体制を整えた。

C社向けグリーンレーザーポインター２機種の生産が始まった。T君と二人三脚で、まずはロット50台。初めてのまとまった数量のため、試行錯誤しながら何とか10月の納品にこぎつけた。アルバイトも入り、職場は少し会社らしくなってきた。

売り上げ回収

売り上げの回収は、特に相手が大手の場合、ほとんどが手形での支払いになる。末日締め90日後支払い、あるいは１５０日後というものもある。月初の納品なら最大１８０日後の売り上げ回収になる。レーザーモジュールは輸入で、後に多くの部品や商品も輸入になったが、そのほとんどは先払いだ。したがって手形で受けると運転資金がかなり必要になる。本来は逆のはずだ。銀行の信用が厚い大手企業は資金調達が比較的容易で、中小は簡単ではない。

まとまった売り上げのある顧客については、何とか現金で支払ってもらうよう交渉した。なかなか承諾してもらえない。受け入れるためには、稟議を通さなければならない。担当者にとっては面倒だし、理由が立たない。粘り強くお願いした。手形と現金払いで金額の異なる二つの見積書を提出して交渉したケースもあった。何とか主だった顧客は現金払いで受けてもらうことができた。

直販

11月になって、大学生協から注文をもらうと同時に、継続的な取引がしたいと連絡があった。少し前に同級生の大学教授が生協に注文を出し、同時期に他にも注文した人がいて、生協が動いたようだ。とてもありがたかった。

国内で最大規模の学会からも注文が来た。のちの追加も含めて約50台。年2回の講演会では、50近い会場で一斉に講演が実施される。各会場に1台ずつレーザーポインターが配置される。有名な国際会議場からも注文が得られた。こうしたメジャーなところで使ってもらえることは、大変励みになった。

ある時、試みに大学の先生にＤＭを送ることにした。手始めにＴ大学の教授を対象とした。約８００名だったと記憶している。この時、確か20台近くの注文が得られた。直接注文が来たもの、取引業者から、大学生協からなど様々だった。大学から取引口座作成の連絡をもらって手続きをしたものもあった。注文を頂いたこともちろんありがたかったが、販売ルートについて良い勉強をさせてもらった。ここで一つ特徴があった。注文はすべて理科系の先生からだった。ＤＭ対象の８割程度は理科系の先生だったので偏りは当然だが、その傾向は顕著だった。

これに続き、他の大学や学会、製薬会社などへの販売促進を行った。製薬会社については、どの部署に送ればよいのか分からない。的外れだと中身も見られないまま廃棄されるに違いない。そこで、比較的組織の小さい支店、営業所などをターゲットにしてみた。意外にマネージャークラスの手元に届き、興味を持ってもらえる場合があるかもしれない。案の定、ある大手製薬会社の支店総務部長から連絡があった。近くに出張する機会があったので、訪問して話を聞いた。製薬会社では、定期的に大勢のＭＲを集め、説明会を行う。広い会場で、スクリーンはなかなか見づらい。そんな場面で、グリーンレーザーポインターの高い視認性は期待できる。そんな内容だった。その後、社内で知り合いの方達に声を掛け、2桁の数量をまとめて注文をもらった。

マーケティング

グリーンレーザーポインターは、プレゼンテーションなどで非常に有効だ。特に広い会場や明るいスクリーンでは、従来の赤色では見づらい場面も多かったが、グリーンは鮮明ではっきりと違いが分かった。緑は赤よりもずっと比視感度が高い。即ち、同じエネルギーでも、緑は赤よりもずっとよく見える。安全のために法律でエネルギーの上限値が定められているので、色の違いが見えやすさに大きく影響する。

ただ、グリーンレーザーポインターは半導体レーザーがなくDPSSという非効率なデバイスを使用せざるを得ないため、電池寿命が短い。赤色と比べて5分の1程度の時間しか持たない。

また、DPSSは制御の難しい不安定なデバイスで高い制御技術が求められ、フィードバック機構や制御回路に多くの部品が必要になる。温度特性を含めて良品率が低く、念入りな検査や歩留まりからもコストが高くなってしまう。赤色レーザーポインターと比較して、価格は一桁上がってしまう程だ。参入障壁が高くなるのは良いが、買い手のハードルも高い。

こうしたことから、需要は安価な赤色と異なり特にプレゼンを重要視するユーザーに限られる。学会発表を重視する大学の先生や研究者、医療関係者等がメインターゲットになる。

学会で考えると、多いのは春と秋だ。また、いずれも大学や医療機関などの予算で購入される場合を考えると、３月決算前が需要期となる。

顧客層はイメージできるのだが、高額商品ということもあって、赤色レーザーポインターのように店頭に並べて簡単に売れる商品ではない。大学の先生が気軽に利用できる大学生協や、信頼できる出入り業者が有効だ。

グリーンレーザーポインターだけのために販売体制を整えるのは非現実的だ。大学などへの営業をかけている業者は、一般的に分厚いカタログに必要と思われるアイテムを満載して売り込む「何でも屋さん」的な場合が多い。そんな業者からすれば、グリーンレーザーポインターはあくまでも一アイテムに過ぎない。メインは大型設備で、そのきっかけ作りや補足的な位置付けで売り込む場合が多い。グリーンレーザーポインターのために特に販売コストを掛けるわけではない。それでも販売機会は多く、こうした商品にとっては効率的な方法なのかもしれない。

さらに、高額なために一層商品の信用力、ブランド力が求められる。残念ながら、新参者の我が社では、知名度はほとんどない。

自社ブランドはネットでの直販、コネクションの付いた理化学機器メーカー、一部の大学生協等にとどまった。多くはOEMによる文具・事務用品メーカーを通じての販売となったが、この状況は、マーケティングに沿ったものといえるのかもしれない。

課題の第一は出力の安定化による品質の向上だ。もちろん綿密な検査選別により、ユーザー品質においては一定レベルを確保している。しかし、さらなるユーザー品質の向上や製造過程の合理化を果たすためには、この技術のブレークスルーが強く求められる。

次に、コスト低減だ。出力の安定化によってモジュールの使用率を高め、手のかかる検査などの工程を正常化する。さらに根本的にはグリーン半導体レーザーの実現と、その素子の低価格化だ。これらによって価格は段階的に低減でき、市場拡大が図れるであろう。ただ、グリーン半導体レーザーはこの時点でまだ商品化までには距離があった。また、半導体メーカーの仕事で我々にはどうすることもできない。価格も発売当初は高額になることが予想される。

我が社はこの段階、基礎的な体力を付ける必要がある。我が社の歩みはちょうどグリーンレーザーポインター市場の歩みに重なる。市場の導入期は丁寧に基盤を固め、安定化技術を確立して競争優位のうちに成長し、成熟期までに財務基盤を高めるとともに次なる柱を打ち立てる。

産業用レーザー光源

レーザーポインターの他にも、並行して産業用に可視光レーザー光源を商品化していた。レーザー光をラインやポイントに照射し、基準や目印にして工場や機器組み込みで様々な用途に使用される。クレーンの先に取り付けて物品をどこに下ろすかをガイドしたり、フォークリフトでフォークの進行方向を表示したり、各種位置決めに使用されることが多い。天井にラインレーザーを取り付け、生地を重ねた上に照射し、裁断の目印にする使い方もある。用途はまだまだ開発の余地がある。

ＰＳＣ認証は必要としないが、安全対策は当然必要で、用途に応じて対応するため、汎用性をベースに細かいアレンジが求められる。こうした産業用についてもホームページで紹介し、北海道から沖縄まで全国各地から問い合わせをいただき、少ないながら出荷が始まっていた。

有名な大企業からも問い合わせが来た。深海探査に使いたいというニーズもあった。工場や様々なシチュエーションでの利用に、こんなところに使うのかと興味が広がり、開拓の余地と将来の可能性を感じた。

２００４年末には、新たにS君が加わった。手先も器用で機転も利く仕事人間で、この後T君とともに大いに活躍することになる。

問題発生

２００５年に入り、C社への出荷が３ロット、４ロットと重なるうちに、大きな問題が発生した。単一故障モードに対応するために、万が一出力が上限の１mWを超えそうになった時、出力を自動的に停止する機能を加えていたのだが、これが一部で過剰反応するものが出てきたのだ。赤色レーザーでは、制御回路を二つ直列で並べ、片方に問題が生じた場合にもう一方で制御するのが通常だったが、グリーンでは発振したり不安定になったりして、同様の方法ではうまくコントロールできず、採用しなかった。C社からは何度も呼び出しを受け、訪問して打ち合わせを重ねた。C社の社長はもともと電気回路の技術者で、自ら具体的な意見や案を出された。ある時、午後３時頃に電話を受け、これからミーティングをしたいからすぐ来い、との連絡があった。移動には４時間ほどかかってしまう。さすがにこの日は勘弁してもらった。

一旦Ｃ社への出荷は止まっていたが、新たな制御回路を作製し、ほどなく出荷を再開した。制御回路はこの後さらに独自で改良し、1年程かけてほぼ完成版を得た。スイッチでも問題が発生した。国内大手メーカーのものを使用していたのだが、稀に押し方によって反応しないものが出てきた。押し方といっても、人によっては再現できない。特定の人物が偏った押し方をした時だけ、反応しない現象が生じる。検査ではパスしたが、顧客の担当者によって見つけられた。返品されチェックしてみたが、数人のうち一人だけが時々再現させることができた。

メーカーに連絡すると、品質保証担当者が来社した。原因は特定できなかったが、構造の異なるシールドタイプのものを勧められ、変更した。その後、同様のトラブルは発生しなくなった。

ＪＲ福知山線脱線事故

ＪＲ尼崎で事故が起こったのはこの頃だった。月曜の朝、Ｔ君はいつものように自宅から出てくる。通常少し遅れる。それにしても遅すぎる。電話があった。電車の事故で、今尼崎駅に向かって歩いている、遅れる、とのことだった。後で聞いてみると、事故のあった電車の3両目前方に乗車していたらしい。3両目といえば、前2両がマンションに突っ込み、切り離されて反対側に向いた先頭部分。連結部分から降り、しばらく座り込んで様子を見て、その後移動したようだ。大変痛ましい事故だったが、T君が無事でホッとした。

グリーンレーザー出力安定化

この時期、当初から問題だったグリーンレーザーの不安定な出力については未だ解決策は得られておらず、相変わらず念入りな検査で選別していた。制御回路の問題でC社と打ち合わせを重ねていた頃、ある要因が頭をよぎっていた。使用している光学結晶は異方性を有しており、温度変化によって偏光*状態が変わっているのではないか。ただ、そんな基本的なことが今まで放置されるはずがない、もしそうならとっくに解決されているはずだ。C社での打ち合わせで相談してみた。可能性はあるのではないか、確認すべき、といった意見だった。そう言われた以上、確認せざるを得ない。早速偏光板を購入し、確認してみた。すると、想像以上に偏光状態が変化していた。

ＰＳＣ認証をクリアするためのフィードバック機構は、出射した光をビームスプリッターで分割し、一つは投影するための出射光、もう一つはセンサーでモニターしてフィードバックに使用する。ここで使用するビームスプリッターは、一般に光の振動方向によってその透過率、反射率が異なる。レーザー光の振動方向、即ち偏光特性が、環境条件によらず常に一定であれば、透過率、反射率は一定になり、安定したフィードバック制御ができるのだが、これが温度変化などによって大きく変動していたのだ。

グリーンレーザーモジュールでは、近赤外半導体レーザーの光を二つの光学結晶を用いて2段階で波長変換している。その変換効率はあまり良くなく、半導体レーザーの出力は、出射光の数十〜百倍程度必要になる。使用する電流値も赤色レーザーと比べて何倍も大きく、半導体レーザーからの発熱も大きい。このため、グリーンレーザーの出力変動は、環境温度の変化も受けていたが、周囲の温度が一定でも自身の発熱で大きく変化していた。

この問題に対しては、ビームスプリッターに載せる薄膜を、偏光状態によって変化しない設計にする、所謂無偏光ビームスプリッターを使用する対策を行った。すぐに特許も申請した。特許では、解決策を無偏光ビームスプリッターに絞り込まず、原因系に重点を置いて幅広いクレームを作成した。

後に国際特許を申請し、日米に再申請した。特に米国は多額の費用を要したが、後日特許権が認められた。

この対策により、レーザー出力は飛躍的に安定した。光パワーメーターで出力を測定すると、これまではみるみる値が変化していったが、対策後はほとんど変化することなく、ほぼ一定値で止まった。

これで自信を得た。検査も、常温で適切な値に調整しておけば温度が変化しても出力が暴れる心配がない。念のため、効率の落ちる上限下限で出力の低下を確認した。随分楽になった。

＊ 偏光：光は波動の性質を持ち、進行方向と垂直に振動するが、その振動方向が規則的な光を偏光という。

産業用レーザーのOEM

7月に光学関連の大きな展示会があった。レーザー機器も多数展示されている。通常出展側は販売を主目的にしているが、逆に出展社に売り込んだ。簡単ではなかった。さすがにレーザー機器メーカーで、魅力的なグリーンレーザーは各社すでにトライされていた。グリーンは安定しない、そんな簡単に安定するはずがないと、ほとんど聞いてもらえなかった。

そんな中、1社が興味をもってくれた。T社だった。センサーなどを手掛けるグループ会社に属し、赤色を中心に可視光レーザー光源をシリーズ化していた。すぐにサンプルを送り、評価してもらった。会社が比較的近かったこともあり、打ち合わせを重ねた後、シリーズに加えてもらうことになった。産業用レーザー光源でも、ＯＥＭがスタートした。

直販拡大の試み

この頃、レーザーポインターや産業用レーザー光源の拡大に向け、理化学機器や文具メーカーへのアプローチ、レーザー墨出し器や各種産業用途、医療用途などへのアプローチを行った。レーザー墨出し器は市場が比較的大きく、家電大手のＭ社との共同開発にも着手した。ただＭ社とはスタンスが違う。彼らはチームを組んで、各要素を徹底して最適化しようとする。レーザーモジュールの内部にまで踏み込もうとした。当然のアプローチだ。こちらはレーザーモジュールの応用に注力していて、余力はなかった。対応は難しく、頓挫した。

他の電機メーカーからは、電車の車輪検査用に、レーザーラインを投影する光源の話が来た。グリーンではなかったが、フィードバック制御にグリーンレーザーの技術が応用できると、ホームページの内容から類推して連絡してきた。この仕事はその後続くことになる。

7月には、高知県にあるグリーンレーザーポインターメーカーを訪問した。我が社がPSC認証を取得した時点ですでに唯一販売していたメーカーで、国内での草分け的存在だった。表敬訪問の意味と、何かヒントが得られないか、あるいは協業できる部分はないか、そんなことを考えての訪問だった。競合しているにもかかわらず、快く受け入れてくれた。さすがに先行している企業だけのことはあった。しっかりしたエンジニアリングと検査体制があった。経費節約で、時間を掛けて高速バスで往復したが、飛行機で来られましたか、と聞かれ、少し恥ずかしかった。

第5章　OEMの拡大

P社からの連絡

11月になって、大手文具メーカーのP社から電話がかかってきた。C社の商品を見て、同じタイプの商品をP社でも扱いたい、という申し出だった。すぐに東京へ出向いた。ちょっとしたデザインの変更や、信頼性などを中心に、商品化に向けた検討に入ることになった。

検討を重ねるうちに、P社で体制が変わった。それまでは商品企画担当者が窓口だったが、技術の担当者が対応してくれることになった。それと同時に、従来商品OEMの話が、新たなペンタイプ開発に変わった。P社赤色レーザーポインターはデザイン性に優れていて、その特徴を踏襲したい意向だった。ペンタイプの新商品開発に取り掛かった。

PSC認証では、電池のサイズやサークル、ラインといった照射パターンなどによって区分が分かれ、工場の違い（海外現地生産など）も含めて認証を取り直す必要がある（現在では、電池の違いなど一部が緩和変更されている)。P社のモデルに対して、新たに認証を取る必要があった。

検査機関が前回の機関以外にもあることが分かり、そこを検討することにした。早速訪問した。以前の検査機関は対応があまりよくなく、追加で聞きに行くとコンサルティング料まで請求されたが、今回は大変丁寧で、何でも具体的に教えてくれた。次回からの検査は、こちらに変更することにした。因みに以前は一般財団法人で、この機関は民間企業だった。

T君

生産の中心はT君だった。彼のおかげで開発と顧客対応に専念できていた。ところが、この頃からT君が胃の痛みを訴えだした。職人気質のT君はウイスキーが大好きで、こちらでの生活は不規則になっていたのかもしれない。何度も説得して、ようやく近くの医院を受診した。最初は胃炎との診断で、胃薬をもらっていた。一旦は安心したのだが、痛みは治まらなかった。しばらくして、病院での検査を勧められた。胃がんだった。入院して手術を受けた。毎週土曜日に見舞いに行き、会社の状況を伝えつつ、様子を見守った。T

君は自分の病状をあまり語ろうとしなかった。それでも、決して軽い状態でないことは分かった。退院して自宅療養し、しばらくして体調を見ながら出社するようになった。ただ、がんは進行していた。肝臓に転移し、再び入院することになった。復帰してからは近くのマンションを借りていたが、再入院の時に引き払うことになった。荷物の送りだしの際には、時折床に座り込んで休むT君が痛々しかった。1カ月ほど後、T君は亡くなった。

新たなレンズ

ところで、従来のグリーンレーザーポインターでは、サークルを描くためにモーターを使用していた。モーターの描くサークルは鮮やかで、動かすと螺旋が描けて面白い。ただ、コストが高い。これを何とか解決しようと検討した結果、ある形状のレンズを考え出した。これを使えば、モーター特有の面白さはなくなるが、必要なサークルが低コストで得られる。また、ラインについても従来は円柱状のロッドレンズ、あるいはかまぼこ状のシリンドリカルレンズを使っていたが、両端が細くなるなどの弊害があったため、描きたいくっきりしたラインが描写可能になる自由曲面レンズを設計した。

サークルレンズはシンプルで、図面化にまったく問題はなかったが、自由局面レンズはそれなりの設計が必要だった。ただ、レンズ設計ツールは高価で使用頻度もほとんどない。外部に依頼するとかえって高くついてしまう。そこで、パソコンソフトのExcelを使って表計算で設計した。放物線を基本に置き、光源の出力分布や両端部の強調を織り込んで、最小2乗法でシミュレーションを繰り返し、面の高次式を得た。

レンズの製作は、まず国内メーカーに当たった。先に金型を作製する必要がある。レンズなどの光学製品向け金型は、一般にかなり高い精度が要求される。このメーカーも高精度が売りで、相当な投資をして優れた環境と高精度加工機を保有していた。案の定、見積もりは驚くほど高価だった。

次に台湾メーカーを当たった。特殊なレンズだったため、ズバリではないものの、同様の技術でできるタイプのレンズを得意としているメーカーをネットで調べてピックアップした。台湾の台中に、元々日本の大手カメラメーカーの従業員だった人物が独立して作った会社があった。早速飛んで行って、現地で確認し、話を聞いた。

往きは大変だった。空港からリムジンバスに乗った。中華圏の独特な強い香りはあるもののそれなりに快適だった。だが、約2時間後、降りる場所を間違えてしまった。アナウンスはもちろん中国語で、さっぱり分からない。台中行きで、台中市内のあちらこちらに止まって行った。所定の時間が過ぎて多くの人が降りるので、自分も降りた。地図を見ながらホテルへ向かった、つもりだった。しかし、何か違う。道も悪く、コロコロ転がしているキャリーバッグの車輪がすり減ってきた。暗くなってきた。仕方なく、タクシーをつかまえた。なかなか到着しない。メーターが上がっていく。結局30分以上かかってホテルに到着した。翌日会社を訪問して分かったが、降りたのは会社近くの工業地帯だったようだ。

この会社はしっかりした会社で、日本人の営業担当もいた。日本のカメラ大手の部品も供給していた。日本製の設備が並ぶ。台中は以前から日本の光学大手が進出し、素材から加工まで関連企業が揃っている場所だった。

見積もりをもらった。金型は、日本メーカーの半額だった。おそらく、製造の考え方は同じだったと思う。日本製の高精度設備を揃え、インフラや人件費の違いなどで価格を下げている。ただ、それでも高い。もっと安くしたい。

香港のレンズメーカー

他にも韓国と香港のメーカーを見つけていて、特に香港のメーカーはしっかりした返事をくれていたので、行ってみることにした。

初めての香港。５月なのに、強烈に暑い。蒸し暑い。例によって経費節減のため、空港から街までバスで行こうと乗り場へ向かった。運転手にお札を渡すと拒否された。香港では、バスに乗車する際おつりは出ないらしい。近くに案内所が見えたので両替を頼んだが、ここでも拒否。仕方なく、リッチに高速鉄道に乗った。ホテルはそこから地下鉄で1度乗り換えてすぐのところ。着いた時にはもう夜になっていたが、そこは香港、大きく派手な看板が所狭しと道路に張り出して煌々と辺りを照らし、活気に満ちていた。

事前にメーカーA社が一緒に夕食を取ろうと言ってくれており、ホテルに迎えに来てくれた。A社は香港企業だが、香港にあるのは小さな事務所だけで、工場は中国の東莞にある。社長は普段工場にいて、営業は息子のR氏が担当している。R氏は香港人で、英語はできる。その日は友人の日本人を連れてきていて、A社やR氏のことを詳しく教えてくれた。助かった。

翌朝、R氏と2人で工場に向かった。地下鉄で鉄道駅に出て、そこから中国との国境に向かった。電車はJRの通勤電車のような形で、窓を背にして長い椅子が配置されていた。1時間ほどで国境に着いた。イミグレーションは中国系とその他で別々になっており、R氏と一旦別れた。香港を出国し、中国深圳に入国して再びR氏と合流した。そこから路線バスに乗った。観光バスのような、少しゆったりしたバスだった。深圳はあちらこちらで工事だらけ、まだまだ発展中、景気の良さと活気が溢れていた。1時間ほどでバスを降り、最後はタクシー、すぐ工場に到着した。タクシーは、運転席周りに金網があり、治安の悪さがうかがえた。一人で来るのは恐ろしい。実感だった。

電車とバス、かなりの時間R氏とコミュニケーションを取った。A社のこと、彼自身のことは夕食のときに聞いていた。この日は彼の質問攻めに遭った。R氏は理系ではない。経営、経済の勉強をして今の仕事についている。だが、仕事上レンズや光学の知識は必須で、熱心に勉強している様子だった。特に干渉や回折といった波動光学に関する質問が多かった。レーザーや干渉計などの評価装置に関連して興味が強かったのだろう。それにしても大変熱心で、ひた向きだった。コミュニケーションは基本英語。こちらは決して得意ではなく、詰まったら漢字や図で筆談、それでもほとんど問題なく意思は伝わっていた、と思う。特にバスでは筆談を続けていると酔いそうになり、つらかった。

工場に着くと、作業場や設備、評価装置などを見せてくれた。倉庫には昔使っていた研磨機などが置いてあったが、最近はプラスチック成形がほとんどのようだ。レンズユニットの組み立ても行っていた。成形装置は、どこもそうだが結構日本製が多い。中国で工場見学すると、自慢げに日本製の設備を紹介される。検査室に行くと、アメリカ製の高価な干渉計が置いてあった。最近のニーズに応えるべく、思い切って投資したのだろう。

レンズには一般に高い加工精度が求められる。表面の滑らかさはもちろんだが、形状精度も要求は高い。ニュートン何本、といった表現をするが、ミクロン、サブミクロン単位だ。それで、国内や台湾のメーカーは高精度加工機を備えている。A社は金型加工は外注している。聞いてみると、特別な高精度加工は考えていなかった。今回はそれで正解だと思った。今回絶対的な形状精度については必ずしも必要ない。必要なのは相対精度と光学面。面がうねってはいけない。滑らかであれば、絶対的な位置はそれほど重要ではない。そんなことを十分説明したつもりで、加工を依頼した。見積もりは、日本や台湾のメーカーと1桁違った。

そうすんなりとはいかなかった。図面で明確に指示はできているが、大きな誤解もあって最初はとんでもない試作品が送られてきた。何度かやり取りをするうちに理解が進み、ついには設計通りのレンズが送られてきた。

P社のレーザーポインター

P社の新規レーザーポインター開発は続いていた。レーザーポインターとしてはポピュラーな筒状のペンタイプは初めてだったが、組み立てから調整検査を社内で行った。生産には圧入*工程が入る。卓上型のボール盤を使用し、生産工程を整えた。当初グリーンレーザーモジュール以外は国内調達がほとんどだったが、コストを下げるため制御基板、その他の金属パーツなどの多くを海外から調達することにした。台湾のレーザーモジュールメーカーは、ペンタイプのレーザーポインターも生産している。その関係で、必要なパーツはほとんどこの会社でも調達しており、モジュールと合わせてまとめて購入することにした。圧入部分の金属部品はそれなりの精度が必要となる。筒の内径が小さければ割れてしまい、大きければ抜けてしまう。海外の同様製品では、抜けそうな場合平気で接着剤を使用するが、導通不良の原因となる。寸法が規定通りに製作されていれば、通常は抜き取り検査で済むのだが、そうはいかなかった。測定してみると規格外が頻発した。そのため、受け入れ時全数を測定して選別せざるを得なかった。

各部品や組み立て工程には、不具合の無いように十分神経を尖らせたが、外観やパッケージ、印刷物についても要求は厳しかった。商品については理解できるが、パッケージへの要求は特別だった。取引先の印刷業者にＰ社の要求を伝え、試作を繰り返した。通常の印刷工場では対応できない。ついには、大手化粧品メーカー高級品のパッケージを印刷している工場に発注した。通常の何倍かを製作、選別して使用するような状況だった。これは、Ｐ社仕様というより担当者のこだわりだったのかもしれない。

試作評価を繰り返し、量産出荷が迫ってきた。大きな問題が発生した。スイッチボタンが取れてしまうものがある、との指摘を受けた。今更設計変更している時間はない。発売日は決まっており、出荷期日が迫っていた。考えた末、スイッチボタンをはめ込んだ内側にプラスチックの細い棒を差し込むことにした。ＤＩＹショップで適当な材料を購入してきた。一旦生産は完了しており、そこに対策を施していった。P社の担当者も来社して、一緒に作業した。出荷が迫るなか、作業は続いた。異様な光景だったろう。細いプラスチックの棒を短くカットし、組み上がったレーザーポインターを開け、スイッチボタンに内側からそのプラスチック棒を突き刺す。最後は割りばしで押し込んで貫通させる。作業は深夜まで続いた。P社の担当者は夜中の1時過ぎまで付き合ってくれてホテルに向かった。その後作業を続け、翌朝またP社担当者が出社した。

最後の工程のラベル貼り、梱包にしわ寄せが来た。出荷が翌日に迫る。夜通しラベル貼りを続け、翌朝から梱包して何とかファーストロットを出荷した。11月の下旬だった。

量産に伴って、P社からは様々な資料の要求があった。仕様書、図面、規格書、検査標準書、QC工程表、作業標準書、環境関連資料など、まとめるとファイル1冊になった。秘密保持契約はあるものの、ノウハウも含めて丸裸になってしまった。

＊ 圧入とは、圧力を加えて物を押し込むこと。ここでは、パイプにその内径より少し太い部品を押し込んでいる。

K社のレーザーポインター

K社からも注文をもらっていた。ある人の紹介で、前の年に一度訪問していたのだが、その時は相手にしてもらえなかった。その後1年程経って電話をもらった。

K社は我が社と同時期にグリーンレーザーポインターを発売していた。特に文具では単価の低い商品が多く、グリーンレーザーポインターは最も高価な部類に属する。ある程度の数量が出れば、売り上げウェイトは大きくなり、商品別売り上げランキングで上位になる。そんなこともあって、K社はグリーンレーザーポインターを重点商品に据えていた。

P社とK社は同じ業界で、ライバルに当たる。P社、特に担当者は他社を気にせず我が道を行くタイプだったが、K社はかなりP社が気になるようだった。P社の動向に関し、時折質問を受けていた。もちろん、一切情報は流さなかった。どちらも我が社にとって重要な顧客で、ライバル企業の仕事を受けていることを承知の上で取引を続けてもらえたことは大変ありがたかった。

K社は2機種。一つはこちらのオリジナル商品の外観をK社向けに変更したもの。もともと出来上がった商品だったこともあり、比較的スムーズに出荷にこぎつけた。12月だった。

もう1機種はペンタイプで、既存商品からの切り替えだった。シェア拡大中のK社にとって、メイン機種に位置付けられる。最初の発売から3年近く、おそらく不安定なレーザー出力に苦労し、委託生産だっただけに、余計に対策が難しかったであろう。

K社はP社と異なり、プロセスはほとんど任せてもらえた。もちろん受け入れ検査はしっかりしている。P社向け製品と合わせ、一気に生産量が増えた。

提携話

この間、大手文具会社から資本を入れたい、との提案があった。責任者も来社し、狭く似つかわしくないミーティングルームで話を聞いた。プレゼン資料も用意されていた。ITで躓き、マイナスからリスタートして大手メーカーに認められた。嬉しかった。あまり振り返ることはなかったが、珍しくこれまでの孤独でつらかった日々が蘇った。

最初は50対50のジョイントベンチャー提案だった。受け入れられなかった。次は3分の1の拒否権が確保できる割合だった。これも断った。結局、要望を受け入れることはなかった。

提携がまとまれば受注は安定する。しかし、資本が入れば競合他社との取引はどうなるか、何より簡単にのみ込まれてしまうのではないか。心配だった。判断は間違っていなかったと思う。

第6章　台湾メーカーとの振興

台湾のモジュールメーカーL社

台湾のモジュールメーカーL社には、ちょくちょく訪れていた。技術的な話が中心で、改善を繰り返した。初回は社長に会えなかったが、2回目以降はほとんど社長が対応してくれた。L社は欧米に多く輸出していたが、日本への輸出も我が社向けにそのウェイトが上がっていった。特に利益面では、高い品質が求められるのに伴い、あるいはそれ以上にメリットがあったに違いない。

台湾のハイテクメーカーは、L社同様に欧州、米国への輸出が多い。大手企業は開発チームを台湾に置き、工場を中国広東省などに持っている。中小企業も、通常は台湾で生産を行うものの、ロットが大きくなれば中国の工場に委託する場合も多い。日本向けも積極的だ。市場規模も魅力的だが、むしろそれよりも勉強になることと宣伝になることがメリットだったようだ。日本企業からは、彼らにしてみたらとんでもないような高い、あるいは細かい要求が出る。仕様上はもちろん、生産現場でも品質管理、生産管理、使用設備、環境などで具体的な要望が出る。それを取り込むことによって、彼らの品質レベルが向上し、それを宣伝することによって彼らに対する信頼が得られる。ただ、一部日本企業の要望が欧米とかけ離れてしまい、日本製品、日本市場のガラパゴス化などといわれてはいるが。

そのような事情で、台湾のハイテク企業には通常英語の話せる営業担当がいる。また、米国に留学していたエンジニアも結構いて、エンジニアの文化は欧米に近いのかもしれない。因みに、L社の社長も米国留学経験があった。

L社へは、初回からS氏に通訳をお願いしていた。大変お世話になり感謝しているが、一つ問題があった。何かうまく伝わっていないと感じることが時折生じた。分かりやすいように、付帯状況など含めて説明しようと話が長くなってしまうことがあったが、通訳はごく短い場合が多かった。無理もないことだが、専門分野の技術的な話になると、さらに不安は深まった。中国語はサッパリ分からないので、伝わったのか伝わっていないのかが分からない。帰国後メールで確認してみると、話が通じていなかったことがよくあった。

ある時、いつものようにS氏と車でL社へ向かった。L社の前は広い道路で、信号のないところを右側通行の左折で入らなければならない。この時は渋滞していて、車の隙間から左折を試みた。雨が降っていた。ちょうどその時、バイクが道路の端を走ってきた。車の陰でその姿は直前まで見えず、接触し、バイクは転倒してしまった。この事故でS氏はバイクの運転手に付き添って病院に向かった。結局ミーティングはS氏抜きで行わざるを得なかった。

片言の英語とホワイトボードを使っての図示。ただ、幸いなことに中華圏で漢字が通じる。筆談も有効だった。終わってみれば、こちらの言いたいことはいつもよりよく伝わった。伝わったということも実感できた。この次から、S氏抜きで訪問することになった。

台湾

台湾は比較的近い。関西空港から往きは3時間前後、帰りは偏西風の影響でそれより少し短い。中華航空やエバー航空など、台湾の航空会社を利用すると、機内に入ったときに中華系の独特の香りが漂ってくる。桃園空港に到着してターミナルビルに入ると、その香りはさらに明確になる。入国手続きでは時折フレンドリーな係官もいる。たまたま誕生日だった日に、パスポートを見て「ハッピーバースデイ」と声を掛けられたこともあった。

到着口を出ると、名前や会社名を書いた紙などを掲げた人が多く待ち構える。第2ターミナルでは、タクシーは左、リムジンバスは右。台北に行く場合、最初はタクシーを利用したが、その後はリムジンバスが多かった。タクシーが１２００元に対し、バスは１２５元程度と、かなり差がある。リムジンバスも、何社かが運営する。多くは有名ホテルを巡回していくが、最短距離で台北駅へ向かうバスを利用することが多かった。リムジンバスは結構豪華だ。見晴らしも良い。空港からすぐに高速道路に入り、途中１カ所の料金所を通過して台北市内に向かう。川を越えて一般道路に降りる。

何度か曲がって中山北路を南下する。街路樹、側道が整備されたメインストリートだ。一番の特徴は、やたらバイクが多いことだろうか。特に朝夕は、バイクがひしめく。信号待ちの車の間を縫って、先頭にバイクが集まる。車の隙間もバイクが埋め尽くす。２人乗り、３人乗りも珍しくない。

１時間ほどで台北駅に到着。そこから地下鉄ＭＲＴに乗ってホテルに向かう。ＭＲＴは安価で、便利に利用できる。英語のアナウンスもあり、表示も充実している。日本のように車掌のアナウンスはなく、自動音声で案内される。車内は静かだ。騒いでいる人はあまり見かけない。日本と同様に、優先座席が設置されている。携帯電話で通話している人もいる。スーツを着た男性は、あまり見かけない。金融系など一部の人に限られるようだ。ルイ・ヴィトンのバッグを持った女性も時々見かけた。多分、中国と違って本物だろう。

ホテルは経費節減で、比較的安価なビジネスホテルを選ぶことが多かった。インターネットは仕事上必須で、サービスに含まれるホテルを選んだが、無線の場合なかなかつながらない場合も多い。朝食は大抵付いている。お粥かパン、それに数種類のおかず、フルーツなどのバイキング形式が多い。生野菜はたまにお腹にくることがあり、できるだけ茹でたもの、炒めたものを選んだ。それも、中華系特有の香りがする。

夕食は、段々と取引先と一緒に取ることが多くなったが、最初のうちはほとんど一人で取っていた。ホテルの近く、台北駅の近く、あるいは夜市に出向くこともあった。高級レストランもあるが、街にはちょっとしたレストランが多い。台湾では外食する人が多いようだ。よく食べたのは水餃子、小籠包、空心菜など。小籠包は、高級店では皮が薄くデリケートでもちろんおいしい。だが、街のレストランや夜市の屋台でも、それなりに美味で、ハズレがない。

日本では、夜レストランに入ると大抵ビールを置いているが、台湾では置いていない場合も多い。夕食時にアルコールを飲む習慣が少ないのだろう。夜台北駅周辺を歩いていても、酔っぱらいを見かけたことがない。ある時、レストランでビールがあるか聞いてみた。すると、店の向かいを指さし、「セブンイレブン」と繰り返した。コンビニで買ってこい、ということらしい。早速、買ってきてそのレストランで飲んだ。

台湾、特に台北は治安が良い。夜市に行くと、夜遅くまで多くの人で賑わっている。若い女性も時間を気にする様子がない。歩いていて怖いと感じたことはほとんどなかった。街で道を尋ねたりすると親切に教えてくれる。コンビニでMRTのカードを買おうとしたとき、店員にうまく伝わらず困っていた。すると、客の何人かが寄ってきて、英語で何を困っているのか、それはこのカードだ、などと、親切に教えてくれた。台湾人は積極的で、何かあったら結構声を掛けてくれる。また、何よりも大変親日的だ。

台湾は、乗り物の運賃が安い。ＭＲＴの最低料金は、当時のレートで60～70円だった。タクシーも基本料金が２００円程度で、安心して乗車できた。街には町名番地の表示が整備されており、住所を伝えれば、少し迷う場合もあるが目的地まで連れて行ってもらえた。様々な意味で、訪れやすい、滞在しやすい場所だと思う。

航空会社は台湾系を利用することが多かったが、ＬＣＣも何度か利用した。ある時昼食の時間に重なっていたので、機内で弁当を注文した。まず乗員が少ないのでなかなか注文を取りに回って来ない。やっと注文できたのだが、今度は弁当が手元に来ない。見ていると受注した内容をペーパーナプキンにメモ書きし、少しまとめて後方の別の乗員に渡していた。後ろの乗員は、メモに従って弁当をレンジで温め、席まで届けていた。おそらく漏れていたのだろう。30分程待っても来ないので、再度注文を伝えた。それでも来ない。やっと来た時には、シートベルトのサインが点灯して降下が始まっていた。

今更食べるのは無理だと伝えた。すると、東南アジアの某通貨で返金するという。日本でも台湾でもない。交渉してみたが、埒が明かない。着陸後、改めて客室の責任者と話した。こんな状態では多くの人が困るだろうと、会社にクレームを出そうと考えた。この責任者に経緯を書いてもらった。

この間、乗客が降りた後、操縦席から2人のパイロットが出てきた。見ていると、客室へ向かいシートの清掃を始めた。経費を抑えるため、ここまでやっているんだと感心した。その後、LCCを利用することはなかった。

コンパクトな多機能タイプ

2007年、この年から女性社員2人が加わった。アルバイトも増員し、会社らしくなってきた。7月には、多機能タイプがK社同様デザインを変えてP社商品にも加えられた。

さらにK社からは多機能ペンタイプの要望があった。切り替えは、前の部分を円周方向に回転させてエンドレスに行いたい、といった具体的な要望があった。コンパクトな筐体の断面に切り替え要素を配置することはできず、操作の回転軸と切り替え要素の回転軸を垂直に配置せざるを得ない。これを実現するためには、細かくてかなり複雑な機構が必要だった。ロットサイズもそれほど大きくない。ただ、コストは抑えなければならない。イニシャルコストを抑える目的もあってメカ機構で設計し、可能な限り市販の標準部品を活用した。プラスチック成形の傘歯車、ステンレスボール、ピン、スプリングなど、独自に加工するより、1～2桁コストダウンできた。それでもいくつかは複雑な図面で加工を依頼しなければならない。国内ではコスト対応できない。海外を当たった。

台湾で良い加工先が見つかった。日本の大手機械メーカーの認定工場で、マシニングセンターやＮＣ旋盤など、多数の加工機械を保有している。日本製の機械も多い。何よりも社長がまじめで技術力があり、教育もしっかりしている。現実的な見積もりが得られた。

最初、何社かに図面を渡して見積もりを依頼したが、加工できないとか図面が理解できないなどの返答を得た。しかし、この会社は何の質問もなく、一発で図面通りの試作品を上げてきた。小ロットにも対応し、加工精度も良い。この会社とはこの先取引を続けることになる。このモデルは翌２００８年2月にスタートした。

台湾のモジュールメーカーＣＷ社

ある時、台湾の知らない会社からメールが入った。グリーンレーザーモジュールのメーカーＣＷ社からの売り込みだった。これまでＬ社1社に頼っていたが、品質的に問題が多かった。新たな可能性が広がるかもしれない。４月、台湾へ出向いた折にＣＷ社を訪問した。

CW社は桃園市内のビルの一室にあった。アパートだろうか。中に入ると、手前に事務用の机や打ち合わせコーナーを置き、奥で組み立てや検査を行う作業スペースを確保していた。

話をしてみると、社長のL氏は非常に誠実で、技術にも明るかった。エンジニアのW氏と共に、地に足の付いた事業展開をしている印象だった。会社の沿革なども聞いた。1990年代、桃園市である会社がグリーンレーザーモジュール事業を開始した。台湾での先駆け的な存在だった。L氏、W氏はそこに勤めていた。実はL社の社長も同様だった。しかも、L社の社長とCW社の社長は従兄弟同士だった。先にL社が独立し、その後数年してCW社が独立した。元々あった会社は、その後衰退していくことになる。

L社はモジュールの他に、レーザーポインターのウェイトが大きかったが、CW社はモジュールにベースを置いていた。仕事は丁寧で、信頼性はL社製品よりもありそうだった。ただ、価格がかなり違っていた。それぞれに一長一短があり、その長所を生かしながら、CW社とも付き合っていくことにした。

モジュールメーカー

グリーンレーザーモジュールは、主に台湾と中国で生産されている。主なメーカーは4社程で、いずれのメーカーとも付き合うようになった。彼らは応用商品を含めて情報を摑んでいる。日本市場についてもかなり詳しい。どこのメーカー、商社がいつ頃どこから何をどのくらい調達したか、具体的に教えてくれる。疑わしい情報も多いが、複数のモジュールメーカーから得た情報を総合すると、大体の状況は見えてくる。

モジュールメーカーは横のつながりが結構ある。セットメーカーとはモジュールを供給するため関係が深い。さらに、モジュールに必須の光学結晶メーカーや半導体レーザーメーカーとは、部品調達で親しく付き合っている。

光学結晶メーカーは、当時アジアでは中国の2社が中心だった。その後、これらの会社から独立して起業した何社かがシェアを獲得していった。均質な結晶を作るのはなかなか難しいらしい。高品質な部分を高価な高出力用レーザーなどに使用し、その他をレーザーポインターなどの比較的安価な用途に振り分ける。モジュールメーカーでは、組み立て工程の中で、実際にレーザー光を出力しながら多少不均質な結晶をスライドさせ、効率の高い部分を探し出して固定している。この工程がレーザーモジュールの品質を大きく左右する。

グリーンレーザーモジュールに使用する半導体レーザーは、８０８nmの近赤外レーザーだ。グリーンレーザーの出力1mW以下に対して、定格２００mWの素子が標準だ。日本メーカーもあったが、台湾のモジュールメーカーは主に台湾、韓国の3社のものを使用していた。このうちＡＲ社は品質が良いが高価、他の2社はそこそこの品質で安価だった。台湾のモジュールメーカーは、通常安価な2社の半導体レーザーを多用していた。我が社では、少し価格は上がるが高価なＡＲ社の製品を指定した。

ＡＲ社は複数の日本の大手企業製品をＯＥＭで請け負っていた。評価装置や管理システムは、それらの製品に対応して充実していた。半導体レーザーの主要部品であるチップは、当初多くを自社生産していたが、生産量の少ないものから調達に切り替えていた。ＬＥＤ部門が急成長し、半導体レーザーは社内で相対的にウェイトが下がっていったためだと思われる。ＡＲ社とは、他の種類の半導体レーザーで直接取引を行っていた。

プレゼンター機能付きレーザーポインター

Ｋ社からは新たな要望が来ていた。プレゼン資料の無線操作、所謂プレゼンター機能の付いたレーザーポインターだ。プレゼンター機能は今後も展開していきたいので、その基本とすべく、通信機能は国内で開発したい、まずはその開発に当たりを付けておいて欲しい、とのことだった。我々は経験がなかったので、早速調査して2社の候補を挙げた。

２００７年12月、いきなり話は具体化した。K社からは、今後グリーンレーザーに関しては基本的に我が社に委託したい旨を聞いていた。それが、新シリーズについて構想やモックアップはできていて、発売時期が決まっているので大至急このシリーズに掛かるように、ということだった。どうも他社と準備を進めていたようだ。なかなか目途が立たなかったので、急きょ方針転換を図ったのだろう。

翌夏発売予定のこのシリーズは、手になじむコンパクトで斬新なデザインのレーザーポインターだ。プレゼン資料の無線操作、多機能照射を組み合わせたシリーズで、新たに２・４GHz帯の無線通信が必要になる。K社はこのシリーズを主力製品にしようと力を入れていた。かなりのこだわりがあり、具体的にいくつかの要望が出された。

その一つが、事前の要望の通り、無線通信システムを国内で開発すること。選んだのは開発会社で、大手オーディオ機器メーカーを辞めて立ち上げたベンチャーだった。規定内の限られたパワーで、通信距離を伸ばすのに苦労した。使用する半導体やパワー、制御回路などは概ね選択肢が限られているが、アンテナの形状、位置など、アナログ的な部分にノウハウがあり、開発は進められた。実験は体育館を借りて行った。壁での反射、人の影、様々な要素を注意深くチェックした。

こうした開発会社は、ある意味で経営が難しい。商品の製造販売をしているなら、ヒット商品が出ればしばらく余裕が生まれ、ルーチンワークで利益を生みながら次に備えることができる。だが、開発会社は一つ一つの仕事で利益を生み出し、それをやり続けなければならない。仕事が切れると売り上げも利益も上がらない。逆に仕事が集中しても、一時にこなせる仕事は限られている。

ただ、製造部門は不要で固定費が抑えられ、仕入れ等の運転資金も比較的少なくて済む。エンジニアが起業するには、一定のメリットがあるのかもしれない。

このモデルで最もこだわりがあったのはデザインだった。見た目はもちろんだが、操作性、手になじみやすく手振れしにくいこと、ボタンスイッチの配置に違和感がないことなどが重視された。K社ではモックアップで実験を繰り返して形状を詰め、デザインを完成させた。斬新でクールなモデルだった。

K社からデザイン図を渡され、それを基に設計を進めることになった。外観形状については特にK社の思い入れは強く、寸分の違いも許されなかった。もらった図面はデザイナーの世界、デザイン図はデザインソフトのフォーマットだった。

機構設計は我々も行っていたが、今回は厳しい制約があった。内部のレーザーや制御系周辺の設計は自社で行ったものの、外観に関わる全体設計は知り合いの会社に委託した。

ここで大きな問題が生じた。保有している設計ソフトがデザイナーから出てきたデータフォーマットに対応していない。実は、これに簡単に対応できるシステムも当時あったのだが、設計者は普段使用しているソフトが使いやすく、大変苦労して設計は進んだ。デザイン図面に一つ穴を追加するだけで1時間掛かる、といったことがあちこちの部分で発生した。

全体の機構についても課題が残った。製品のあちらこちらで部品が組み合わされ、適正な位置関係が保たれなければならない。通常は基準を決め、そこから加工誤差を見込んで各部品が問題なく配置されるように設計する。ところが、全体の技術情報がうまく伝えられていなかった。結果として、誤差が積み重なって位置がずれたり擦れたりする部分が出てきた。結局加工精度を上げたり組み立て時に工夫したりすることで対応した。

生産についても課題があった。こうした無線通信機能を持った商品は、電波法の対象となる。様々な基準を満たし、検査機関の審査をクリアする必要がある。工場には高価な検査設備も必要となる。また、一旦製造した製品が簡単に改造されないような対策も求められていた。こうした要求事項から工場を電波法に対応させようとすると、かなりの投資が必要となる。

一方で、PSC認証の要求事項からも工場には厳しい制約がある。結局PSCの認証機関と相談して、我が社でレーザー関連部分を完成させ、電波法に対応できる工場で通信部分を含めた組み立て最終工程を経て、再び弊社で製品検査を行うといった変則的な工程を組むことになった。北陸にある通信機器メーカーに協力してもらった。

金型は、台湾で製作した。形状が特殊なこともあって、金型設計、プラスチック成形には高度な技術を要した。S氏紹介の委託先は小さな会社だったが、かなりの技術力を有していた。K社は契約しているこの分野の技術コンサルタントを現場に張り付けた。

K社の担当者は迫っている工期に焦り、台湾事情に詳しいコンサルタントにもっと良い金型メーカーはないのか相談していた。コンサルタントは台湾の知人に問い合わせたが、結局返ってきた答えは、その時委託していたメーカーだった。

発売予定時期が近づく。金型は遅れていた。関係者のカリカリした雰囲気の中、台湾へ行ったり来たりの日々が続き、ようやく金型は完成した。

複雑な金型設計を行う場合、かなりの日数と費用が掛かる。それが合理的な方法で相当な短縮、圧縮が可能になっているらしい。例えば日本で1カ月ほど掛かる大掛かりな設計の場合、台湾のプロジェクトリーダーが全体をかみ砕いて分解し、中国にいる何十人かの設計者に仕事を割り振る。上がってきた図面をリーダーが取りまとめる。こうしたプロジェクトチームができていて、数日から1週間ほどでこなしてしまう、費用も特に中国人エンジニアのフィーが安く、かなり抑えられるという。

成形、塗装は、台湾のS氏傘下の成型工場で行った。通信を司る半導体は、国内の代理店からまとめて購入して加工先に支給した。通信には、他にも特殊な半導体など電子部品が必要だ。このうちの幾つかは、開発会社の紹介で、香港から輸入した。コストを睨みながら、調達先は広がった。

持ち運びに使用する付属品のポーチも、コスト的に問題があった。これまでこうした付属品は扱っていなかったため、とりあえずK社手配の試作品を製作した国内メーカーでスタートした。ちょうど台湾での金型製作時期、合間に行った台北での展示会でパソコンバッグなどを扱っているメーカーに目を付けていた。日本の大手メーカーの付属品にも実績があった。この業者に試作品を依頼し、何度か修正を加えた後切り替えた。価格は半分以下になった。

こうしてドタバタしながらも、何とか夏に新シリーズの出荷はスタートした。この立ち上げで、K社からの一層の信頼を勝ち取ることができた。

多機能新商品

この頃、P社からも新機種の依頼があった。プラスチック筐体で、金型は我が社との共有、同じデザインでP社商品と自社商品を生産することになった。ポイントの他、サークルやラインも描写できる多機能タイプだった。デザインは、P社から提示された。ただ、以前のK社の場合と異なり多少の変更は許されたため、設計は我が社で行った。金型、成形、塗装は、K社の場合同様台湾で生産することにした。

ここで問題になったのが、パッケージへの要求と同様な外観品質への要求だった。P社の要求は、日本人の我々から見てもかなり厳しい要求品質だ。台湾人からすれば、驚異のスペックであったに違いない。エッジ部分に不要な突起のあるバリ、小さなキズ、塗装ムラなど、生産してもどんどん不良で落ちていく。結局必要数の数倍を成形して検査で選別し、手作業で修正して塗装に掛け、さらに選別して良品を確保する。不平不満が漏れ聞こえる中、何とかなだめて生産を続けてもらった。当然コストも上がった。それでも国内よりはかなり安かった。

この機種は、国の某機関から大量に注文を受けることになった。ある時、それまで取引の無かった東京の商社から見積依頼が来た。同時期に、別の知らない商社からも見積依頼を受けた。どちらも同じ機種だった。詳しく聞いてみると、国の某機関から出された入札情報に、多機能タイプのグリーンレーザーポインターが指定されていた。P社やK社からも話が来た。いずれにしても、多機能タイプのグリーンレーザーポインターは、我が社しか作っていなかった。結局自社ブランドが採用された。この受注は数年続き、トータルで1000本を超えた。

第7章　中国展開

マウス機能付きレーザーポインター

並行して、K社ではプレゼンター機能に加え、マウス機能を無線で操作できるレーザーポインターを企画していた。マウス機能のセンサー部分がネックだった。我が社にもこの部分のリサーチ依頼が来ていたが、なかなか適当なものが見つからず、結局K社自身が中国の東莞に工場を持つ台湾の大手パソコン周辺機器メーカーに適当なデバイスを見出した。

K社は先行してこの台湾メーカーと開発をスタートさせていたが、安定したグリーンレーザーモジュールを組み入れる必要から、途中で我が社が加わった。開発チームは台湾で、生産は中国工場となる。完成品としては初めての中国工場だ。PSC認証も電波法も現地工場で対応する必要がある。電波法は、他の分野でも対応しなければならないケースが多い。そのため、現地の検査機関に申し込めば、日本の検査機関と連携して対応してくれるワンストップ体制ができていた。だがPSC認証はそこまでメジャーではなく、日本から検査員に来てもらい、現地で検査を受ける必要があった。

ＰＳＣ認証をクリアするために、事前に現地に出向いて要求事項を説明し、対応を協議した。日本では作業者も参加する場合があるが、中国ではスタッフと作業者は明確に区別されている。スタッフがシステムを作り上げ、作業標準書や作業指示書に落とし込んで具体的に指示が出される。協議の後宿題事項を託し、一旦帰国した。

検査に際し、確認のために少し早めに現地に入った。準備状況を確認したが、完成度が低い。時間がない。具体的にどこをどう修正すべきかを指摘した。スタッフは懸命に対応して検査に臨んだ。

当日、特に大きな問題はなく、いくつかの宿題事項が出て無事検査は終了した。

このシリーズは、翌年春にスタートした。

中国事情

中国広東省の広州、深圳、東莞周辺はハイテク工場が多い。30年余り前に経済特区ができ、最初は香港資本が鉄道沿いに、次に台湾資本が高速道路沿いに、工場進出を進めていったらしい。下請けの中小企業も多く、インフラも整っている。グローバル企業がこの地区の工場にEMS*の形態で発注するケースも多く見られる。彼らはこうした受注を通じて独自技術を積み上げ、業務領域を広げていった。

北京や上海では、自動車はドイツ車を多く見かけるが、深圳や東莞では日本車も多かった。おそらくハイテク地域では日本との付き合いが多く、日本製品の信頼性や高い技術の理解が進んでいるせいではないだろうか。

深圳や東莞へ入るには、いくつかの方法がある。飛行機で直接白雲空港や深圳空港に入る方法、香港経由で船か陸路で入る方法などだ。空路は便利だが、観光客が少ないせいか航空券は高い。空港のカフェは、周囲の物価は安いにもかかわらず、コーヒー1杯が800円くらいだったと記憶している。店員の時給はきっと格安のはずで、彼らはその価格をどう感じているのだろうか。いずれにしても、空路を利用したのは顧客と一緒に往復した一度きりだった。

香港からの船は、空港内で国際線の乗り継ぎのように乗り換えができる。イミグレーション手前に船のチケットカウンターがあり、そこでチケットを購入して船に向かう。日本から香港に向かう航空機に荷物を預けた場合は、そこで荷物の半券を渡すと、荷物の乗せ替えをしてくれる。トラブルを聞いたことはなかったが、何となく心配で、ほとんどハンドキャリーで運んだ。船への移動は最初はバスだったが、途中から専用の地下鉄ができて便利になった。

陸路で移動する場合は、バスや乗り合いタクシーが便利だ。乗り合いタクシーはワンボックスカーで、トヨタのアルファードが多い。運転手以外に6名が乗車する。台湾、韓国、日本などアジア系が多い。アジアの人達と体を寄せ合って乗車する。乗車時に運転手がパスポートを集める。ある時、隣に座っていたマレーシア人がこちらのパスポートを見て話しかけてきた。日本人や日本企業はすばらしい、そんなことを言って笑顔を向けてくれた。中国との国境に到着すると、有料道路の料金所のようなところで乗車したまま香港出国手続きをする。その後建物の前で降り、歩いて中国入国手続きに向かう。香港と中国二つのナンバーを付けたタクシーもある。これは、乗車したまま出国、入国両方の手続きを行い、中国の指定場所まで送り届けてくれる。便利だが料金が高く、めったに利用はしなかった。

中国は工事が多い。高速道路はどんどん新しく作られていて、それ以外でもいたる所で道路工事をしている。カーナビはあるが、新しい道路に対応していない場合が多く、運転手は知らない場所へ行く場合は、いつも電話で道路を確認していた。

また、渋滞も多い。日本なら高速道路の合流地点でよく渋滞するが、中国では分岐点でも渋滞する。運転手が道路を熟知しておらず、分岐の直前で反対側の車線に向かわなければならず、一旦立ち止まる場合が多いらしい。合流も日本とはずいぶん様子が違う。路肩も使って車がひしめき合い、つばぜり合いを繰り広げる。車線変更も多い。渋滞中少しでも流れの良い車線を見つけると、すぐに車線変更する。じっくり見ていると、左右順番に流れているのだが、目先の状況だけ見て流れている方へ行こうとする。車線変更した頃には元いた車線が流れ出す。かえって遅くなっていることがよくあった。あと、特徴といえば、重い車体でゆっくりと、中には黒煙をもうもうとあげて走っている大型車が多い。ちょっとしたことでクラクションが鳴る。交通事故もよく見かけた。

北京や上海の一流ホテルはそこそこの値段だが、深圳や東莞ではまだまだ安かった。ハード面ではある程度体裁が整っていたが、ソフト面ではホテルによりアンバランスなところも多かった。チェックアウトの時は、少し待たされる。フロントが客室係に電話し、室内を確認した上で、手続きが完了する。一度上海のホテルでトラブルになったことがあった。電話のそばにあるはずのメモ用紙とボールペンがない。持ち出しただろう、と言うのだ。何度も否定したが、なかなか聞いてもらえない。結局客室係が枕元で見つけ、事なきを得た。

タクシーでも、危ない思いをしたことがあった。夜ホテルに戻る際に都市高速を通っていると、そばに黒い高級車が走っていて、何を思ったか競争になった。抜きつ抜かれつ走り、少し無理な追い越しを掛けた時、相手の運転手が怒ってこちらを強引に停止させた。運転手同士が路上で車を降りて口論になったが、結局タクシーの運転手が恐れをなして謝り、揉め事は収まった。

街中でも、治安の悪さを感じた。人を待つため、デパートの前で一人で立っていると、若い女性2人が近づいてきた。片言の英語で、食べ物を買うお金がない、マクドナルドでハンバーガーを買うお金をくれないか、と言ってきた。かわいそうだな、と思い、200円程の人民元を渡した。それから5分か10分して、また同じ2人がやってきた。実は、田舎に帰る旅費がない、電車賃を恵んでくれないか、と手を合わせた。ああ、こういうことか、とやっと気付き、追い払った。その2人はもう来ることはなかった。この30分の間、同じようなことが5回くらいあった。決まって2人連れの若い女性だった。同じ時間、男の子が警察官らしき数名の男性に追いかけられているのを二、三度見た。こうしたことは、日常茶飯事のようだ。

上海でレンズの商談をした時、中東のバイヤーと一緒になったことがあった。我が社の紹介をする際、横に座って一緒に聞いていた。レーザー墨出し器を検討していたようだ。我が社のレーザーポインターにも興味を持ったらしく、いくつか質問を受けた。商談後、3社で一緒に食事した。日本食レストランだった。日本人だから、ということではなく、よく行くレストランらしい。

上海は国際都市だ。台湾や中国の広東省では日本に対する特別な意識を感じるが、上海ではそれはない。多くある外国の一つ、そんな感じだろうか。

＊　EMS（Electronics Manufacturing Service）：電子機器の受託生産を行うサービス。

中国組み立て工場

中国のパソコン周辺機器組み立て工場には、いくつもの組み立てラインが並ぶ。１ラインに10～30人程度が配置され、順次商品を組み立てていく。各工程の前には、作業の方法を記した写真付きの説明が貼り出してある。組み立てしやすいように、治具などが工夫されている。管理スタッフもいて、バックアップしている。

品質管理は、ＩＳＯの基準などに則って行われている。測定器、検査装置なども配置され、ライン検査、製品検査も決められた通りに進められる。ここに至るまで、日本や米国の発注元から様々な指摘や指導を受けてきたのだろう。工員の感覚は日本と多少違いがあるものの、体制は整っている。

ＩＳＯなどの国際基準やＲｏＨＳなどについてはやや捉え方が甘い。規定自体、あまり細かいところまでカバーし切れていないこともあり、日本ではその趣旨をくんで確実に保証できるシステムを構築して対応するが、台湾や中国では、とても日本の認証検査では通らないと思われる部分が多い。有害物質の規定においても、本来使用している部品毎に個別に含有率などを管理する必要のあるものを、完成品として全体で調査している場合が多く、実質的にかなり甘い対応が見られる。逆に日本では、例外規定があるにもかかわらず例外が認められず、過剰な対応になっている場合もある。

広東省は緯度が低く、年間を通して気温が高い。このため、工場にクーラーはあるが暖房がない場合が多い。ただ、冬は午前中など20℃を切る場合もある。レーザーの調整は、常温域で行うことを指定していたため、基準を満たさない場合があった。結局、時期、時間帯を調整して、室温のチェックを確実に行う前提で現実的な対応を図った。

印刷物は少し心配だった。簡体字、繁体字があって、同じ字源でも異なる活字が使用されている。日本に輸入されている中国製品で、時折見慣れない活字を見つけることがある。これに対しては、印刷フィルムやデータを渡すことでミスを防いだ。質感も心配だった。何しろ感覚が違う。ただ、この点は、日本の大手企業からの受注を重ねていたこともあり、結果的には問題なかった。

輸送は、船便、航空便、クーリエなどが選択肢となる。台湾からレーザーモジュールなどを輸入する場合は、パッケージが小さかったこともあり、郵便局のEMSを使うことが多かったが、製品は量が多い。基本、船便を使用し、乙仲業者に依頼した。納期が迫っている場合は、少し高くなるが航空便、さらに緊急時はフェデックス、DHLなどのクーリエを使った。船便や航空便は、通常香港経由とした。香港まで陸送し、大阪港や関西空港まで船または航空機で輸送される。香港から出荷される荷物の物量はすさまじく多いのだろう。船で香港から深圳の蛇口港に行く時、窓から外を見ていると、船積みのクレーンが延々と続く。日本では見ることのない規模だ。広東省が世界の工場たる所以だろう。

香港の船積みまでは、出荷側が手配した。一度、尖閣問題で日中関係がまずくなった時、深圳の税関で荷物が止められてしまったことがある。我々には手に負えない。工場側から何度かアプローチして、何とか通してもらえた。

台湾や香港は治安も良く、夜一人で街に出ても平気だった。しかし、中国ではいろいろな人から出歩かないように注意を受けていた。雰囲気も台湾とは異なる。知らず知らずのうちに、自分の中に緊張感があった。通関を出て香港に入ると、いつもホッとしていた。中国で一仕事終えた帰り、香港国際空港の免税店をブラブラしながらお土産を買う。航空機に乗り込んで、ビールやワインで軽く酔いを感じながら美しい音楽を聞く。至福の時間だった。

２００９年春、マウス機能付きレーザーポインターシリーズがスタートした。

第8章 グローバルビジネスと日本企業

展示会

台北では毎年5月末〜6月初めにかけて、パソコン関連の大きな展示会がある。完成当時世界一高かったビル101のすぐそばに国際展示場があり、少し離れた新しい展示場と合わせて2カ所で大規模に開催される。大手パソコンメーカーをはじめ、周辺機器、関連機器、あまり関係ない製品まで、中小を含めて多数のブースが出ている。台湾、中国、日本、欧米など、世界中から10万人規模の大勢の人が集まる。我が社の取引先も台湾で10社程度あったが、そのうち数社は出ていた。

展示会は有効に利用することができる。レーザーポインターやプレゼンテーション関連機器についても、世界で先端のアイデアやコンセプトが確認できる。機器を手に持って上下左右に動かすと、パソコンの画面上でマウスカーソルが動く機能の付いたエアマウス付きプレゼンター、指輪のように指に嵌めて操作するワイヤレスマウスなど、当時まだ日本にはなかった商品が展示されていた。取引先との打ち合わせも効率的にできる。出展している会社はもちろんのこと、関連企業は大抵見に来るので、容易に会える。少し疎遠になっている会社は、わざわざ訪ねて行くのもなかなか難しいが、こういった機会には気軽に声を掛けて状況などを知ることができる。展示会を見ながら、合間に1日10社程と会うこともあった。

新たな取引先の開拓もできる。前述のポーチもそうだが、後に取引するレーザー機器メーカーS社もここで出展していて知り合った。

日本の通販で秋葉原のパーツショップなどが販売している商品を時々購入していたが、同一の商品を展示会で見つけることもあった。商社のケースもあるが、メーカーが出している場合もあった。この会社が作っていたんだ、と思ったことが何度もあった。

少し寂しいのは、日本の影が薄いことだろうか。見に来ている日本人はそこそこいるが、展示は少ない。台湾自体の市場は決して大きくはないが、中国を含めてハイテク商品の生産をコントロールしている、という意味では台湾は重要で、世界中の人が集まってくる。

香港でも大きな展示会が多く開催されている。春秋にはエレクトロニクスショーやギフトショーなどがあり、関係している企業が多数出展していた。湾仔に大きな展示場があり、廊下まで所狭しとブースが並んでいた。

S社

台湾の展示会で知り合ったS社だが、後日会長など3名で我が社を訪ねてきた。レーザー墨出し器を幅広く製造販売し、欧州を中心に一時期数十億円売り上げていた。中国広東省中山にある工場には、当時1500人の従業員がいた。その後、レーザー墨出し器からは撤退したが、変わってレーザーポインターや、赤色のレーザーモジュールを製造販売していた。赤色レーザーモジュールは、かなりのシェアを持っていたようだ。赤色は、グリーンと違って半導体レーザーから直接出射するため、波長変換は必要ない。S社はこの半導体レーザーを制御する駆動回路と、発散する光をビームに変えるレンズをセットした、組み込み用のモジュールを商品化していた。レーザーポインターを含むパソコン周辺機器などのビジネスは、電気、機械、ITの技術要素とアセンブル工程が中心であり、光学領域や細かい調整作業を含む特殊な工程は通常含まない。S社のようなところから、モジュールとして購入する方が合理的で、そうした領域をうまくカバーしていた。

S社との付き合い

S社は当時、グローバルにレーザーポインター付きプレゼンターを販売していた米国の有名ブランドのレーザーモジュールを担当していた。日米欧が主な市場だった。日米欧では規制などが異なり、それぞれに要求事項があって製品仕様は異なっていた。特に日本と欧州は安全性に厳しい。ある時、欧州でグリーンレーザーの安全性が問題になった。

S社が我が社に興味を持ったのは、日本の大手文具メーカー2社を顧客にもっていたこともあるが、グリーンレーザーの安定化技術が大きかった。S社は度々この技術の提供を求めた。欧米でこの技術を使用するのは問題ないが、日本に持ち込まれると我が社の商品と競合してしまう。S社の顧客はグローバルに商品展開するため、ロットサイズが1～2桁違う。当然コストも大きく下がる。我が社は対抗できなくなってしまう。だが、S社はモジュールを供給しているだけで、仕向け先を振り分ける権限がない。

一方で、S社の情報力は強力だった。レーザーポインター、プレゼンターに限らず、コンピューター周辺機器全般で様々な情報を摑んでいた。米国のブランドにとどまらず、日本市場についても詳しかった。それらの情報は我が社にとってもありがたかった。今後の展開を考える上でも、貴重な情報源だった。

小型プロジェクター

S社などの台湾企業は、欧米市場をメインとしているところが多いが、もちろん日本市場にも強い関心を持っていた。我が社がK社やP社といった大手を顧客に持っていることもあり、レーザーポインター以外でも様々な提案があった。コンピューター周辺機器は、技術の進歩、スピードが速く競争も激しいため、厳しい市場になっていた。我々が参入するにはかなりハードルが高かった。ただ、興味を引く商品もあり、チャンスがあれば扱ってみたいと思っていた。

そんな中で、コンパクトなプロジェクターの提案があった。一般にプロジェクターは、会議や講演でパソコン画面を投影するのに使用される。見やすくするために、かなりの光量が求められる。これを、少し対象を変え、少人数の打ち合わせやパーソナルユースで使えるタイプとして企画したものだ。スマホに接続して使用できる。ベッドに寝そべって、画面や映画などを壁、天井に投影して楽しめる。光量が少なくやや暗いながらも、液晶画面を投影したタイプが出回り始めていた。米国大手ブランドが、こうした商品やキーデバイスでリードしていた。デバイスは単独でも販売され、台湾メーカーなどもこれを使って商品化していた。

米国大手メーカーは、その商品の生産を台湾メーカー中国工場に委託していた。商品の開発、設計も含めて任せていた。商品の機能はキーデバイスの性能によるところが大きい。最先端の商品は最先端のデバイスを使用することになるため、新デバイスの発売に合わせて新商品を発売する。開発中のデバイス情報や試作品が新商品委託先の台湾企業に渡っていた。この台湾企業は、得られたデバイス情報を基に、請け負ったブランド新商品と並行して独自の商品も開発していた。このため、最先端の商品を米国企業と遅滞なく、あるいは先んじて発売することが可能であり、実際にそうしていた。日本では考えにくいが、台湾中国辺りではよくある話のようだ。

プロジェクターは、液晶画面の投影ではなく、レーザーで直接描写するタイプも開発されていた。これには赤緑青３原色のレーザーが必要だ。赤色半導体レーザーはすでに定番商品になっており、青色半導体レーザーもＬＥＤ技術の延長で商品化されていた。しかし、緑色半導体レーザーは、開発は精力的に進められていたものの、まだ上市されていなかった。この時点でレーザープロジェクターを作ろうとすると、緑はＤＰＳＳが必要だ。我が社の安定化技術が生かせるかもしれない。レーザーモジュールとしてのビジネスが考えられ、プロジェクターでのビジネスも可能性がある。

半導体などの内外価格差

青色半導体レーザーについては、青色LEDで先行したメーカーが同様に強かった。国内のメーカー数社から製品を入手することができた。最も評判が良かったのはN社だった。我が社でも多様な産業用の用途に対応するためにも、入手を検討した。しかし単価が高く、製品化には踏み出せなかった。海外の取引先でレーザープロジェクターを企画しており、N社の商品を使いたいため、入手について相談を受けた。かなりの数量だった。N社に打診したが、相手にされなかった。海外の別の会社では、N社の半導体レーザーを使った商品をラインナップに載せていた。訪問すると、同レーザーを搭載した日本の大手メーカーの量産品が積み上げてあった。どうやらそれを分解して取り出し、自社製品に組み込んだらしい。単独でレーザー素子を購入するよりも、それを組み込んだ機器を購入する方がはるかに安かったらしい。N社は販売戦略として、販売先や数量などによって価格を大きく変えていたのだろう。

電気機器などは、以前から国内と海外でかなりの価格差が付いていたことがあった。国内の流通が複雑だったことも一因だったのだろう。それぞれの国で売れる価格帯の違いも大きかった。例えば日本で固定費を回収し、限界利益や拡販によるコストダウンなども考慮して販売方針を立てたのだろう。逆輸入商品もよく見られた。グローバル化の進展であまり見られなくなったが、一般向けではない商品ではこうした状況はまだ残っているようだ。

海外の一般向けではない商品では、内外価格差の大きな商品が見られる。前述の青色半導体レーザーは欧州メーカーからも販売されているが、国内と海外でかなりの価格差があった。国内では、電子部品を扱う商社が代理店になって販売するケースが多いが、マージンがかなり大きいのだろう。多く出る商品は競争もあり、価格はグローバル価格に近づく。しかし、競争のあまりない分野では高止まりするケースがある。代理店の権利をメーカーから獲得する場合に、購入量を保証する条項を盛り込まれ、リスクを抱えるために利幅を取らざるを得ないケースもある。

今後の展開

これは、今後の展開の一つのパターンになり得ると考えていた。グリーンレーザーにおける安定化の先行技術、独自技術を軸にモジュール、あるいは産業用レーザー光源でビジネスを展開する。これに伴って、用途をはじめとする様々な関連情報が入ってくる。また、台湾、中国などの取引先からも、様々な情報が入ってくる。こうした情報を基に、有力な商品を炙り出す。あるいは、新規商品を発案する。さらに、台湾や中国のネットワークを活用し、生産、販売などのグローバルなビジネス展開を模索する。

パソコン周辺機器など市場のスピードが速い分野では、一気に走らなければシェアを獲得できない。走り続けなければ追い越されてしまう。それを、少しでも優位性を保って有利な立場を築くには、独自技術などのオンリーワンが必要だ。グリーンレーザーの安定化技術に、その可能性を感じていた。また、いずれグリーン半導体レーザーも開発が進み、上市される。その際には、安定化技術に代わる新たな独自技術が有効だ。あるいは、海外とのパイプを活用した情報やキーデバイスのタイムリーで有利な条件での活用も、競争力の源泉になり得る。ただ、我が社の規模では著しく体力に劣る。今後に備え体力強化が課題だ。

メーカーの競争力

メーカーが競争力を備えるには、規模の大小を問わずその源泉となる技術や強みが必要だ。例えば家電などで比較的シンプルなアセンブル商品は競争力を得るのが難しい。仕様や設計では、特徴を出してもすぐに真似されてしまう。品質、信頼性などは、生産、品質保証体制をしっかり整えればある程度達成できる。結局は販売力、価格競争に陥ってしまう。インターネットが普及した今の市場では価格差が一目で分かり、ますます価格競争、コスト競争のウェイトが高くなっている。

人件費が安かった中国では、ＥＭＳなどの方式で大量の生産品を呼び込んだ。これに伴い、インフラ整備なども進み、好循環で生産量は伸びていった。現在では人件費も上がり始め、東南アジアへの展開も始まっているが。いずれにせよ、これによって、調達コストも大幅に下がっていったに違いない。

物は、大量に生産するとコストが下がるのは当然だ。取引価格は、コスト以上に差が出る場合もある。例えば、抵抗やコンデンサーなどの汎用電子部品は、パーツショップで一つ買うと10円、20円のものが数千個からなる1リールでは1個当たり1円に、さらに１００リールまとめて買うと1個当たり０・1円になる場合がある。大量に扱うメーカーでは、電子部品メーカーと包括的に契約し、汎用品だけではなく全般的に価格差は広がる。グローバル市場でシェアを獲得すると、圧倒的なコスト競争力を獲得し、他の追随を許さない。これは比較的数量の少ない高級品にも、調達コストで大きく影響する。

現状では、こうした原理に基づく商品は、ＥＭＳで委託生産せざるを得ないのかもしれない。

価格競争に巻き込まれにくい商品の競争力は、どこから生まれるのだろうか。差別化できる商品を企画し、それを実現するためには、裏付けとなる技術が必要だ。特許に裏付けられた特殊な機構、新たなデバイス、素材など。あるいは、なかなか表には出にくいが、様々なノウハウ、長年積み上げられた熟練工の技術など。地味で地道な努力が求められる。こうした要素は、一朝一夕で得られるものではなく、中長期的な視野が必要だ。経営側から見るとなかなか成果に直結せず、切り捨てやすい部分でもある。しかし、そうした部分を多く持っている企業は、しぶとく生き残り優位性を保っている。

これに対し、グローバルで高シェアを獲得した企業の多くはさらなる効率化を追求し、一見直接的なリターンの少ないこうした部分は下請け企業にまかせ、競争力の源泉を支える多くの従業員をリストラし、気が付いてみれば競争力の乏しい状況に陥っていたのではないか。リストラされた従業員の一部は、ライバルである海外メーカーが技術基盤を築くのに大いに貢献した。メーカーである限り、マーケティングやサプライチェーンは当然のことだが、技術やモノづくりも視野に入れた、あるいはそれらをベースとした総合的な経営力が求められる。

ユーザーに提供される機能やサービスに重点が置かれ、ハードは手段になっているビジネスモデルも多い。スマートフォンなどは、ソフトウェアによって機能が広がり、ハードはそのプラットフォームとなっている。業界を主導するのは、必ずしもメーカーとは限らない。新たなビジネスモデルを構築して業界を引っ張るか、ハードに特化して地味ながら競争力を持続して生き続けるか、いずれにせよ、競争力の源泉を意識しオンリーワンを目指す指向性が求められている。

自動車は特殊かもしれない。部品点数が非常に多く、長年の経験や工夫により積み上げられたノウハウも多い。簡単には真似のできない複雑な商品だ。ただ、電気自動車や自動運転技術において、シリコンバレーのベンチャーが虎視眈々と主導権を狙っている。既存の自動車メーカーが引き続き主体性をもって彼らを取り込んでいくのか、あるいは下請けになっていくのか、企業の戦略、企画力が問われる。

重電や重工業の分野も特殊だ。そう簡単に真似のできる分野ではないだろう。投資規模も大きなハードルだが、アセンブル商品と違ってノウハウ部分が多い。人への依存性が高い。日本人の特性にマッチした業界なのかもしれない。

選択と集中という言葉をよく耳にする。グローバル化に伴って市場競争が激しさを増してきた。無駄な投資をしている余裕がない。しかも、競争力を得るためには思い切った投資が求められる。もっともな考え方だ。ただ、リスクも大きい。集中の仕方を間違えれば一つがこけて企業がこける。

企業活動、市場動向には必ず波がある。また、当然のことだがライバル企業もいる。トップシェアを取っても、他社は常にその立場に取って代わろうと狙っている。常にこの状況を理解して、備えておかなければならない。

以前ハードディスク業界で、米国企業がしのぎを削る状況に触れた。商品の展開は速い。半導体メモリーでドッグイヤー、マウスイヤーなどといわれた時代、ハードディスクでもメモリー密度の競争が激しかった。性能は年々進化する。各メーカーはなかなかそれについていけない。シェアは入れ替わった。メーカーは次世代はあきらめて次々世代を狙っていた。皆走り続けていた。大変な業界だった。これは極端にしても、競争の激しい巨大市場に集中するには、タフなマインド、走りながらも間違えない冷静な判断、それにしっかりした覚悟が必要だ。

我が社の成長

2003年から準備を始め、2004年にスタートさせたレーザーポインターを中心とする事業は、様々な課題にぶつかりながらも順調に拡大した。2005年8月期（決算は8月）から、年間売上は、1800万円、3000万円、1億円、1・4億円、2・2億円と推移した。一時は債務超過となり拡大していた累損もこの頃には一掃され、ある程度の利益が取れるようになっていた。

新規参入の増加

この頃から国内のグリーンレーザーポインター市場には新規参入が増えていた。いずれも輸入品で出力は不安定、信頼性に欠けているものが多かった。ＰＳＣ認証の規定上、いずれの商品も出力のフィードバック制御がなされている。前述の通り一般にはフィードバック自体が大きな誤差を伴ってしまうのだが、それでも出力が低いと感知したらより大きな電流を流して出力を上げようとコントロールされる。グリーンレーザーモジュールは、半導体レーザーと光学結晶の組み合わせで構成されているが、特に光学結晶は温度によって変換効率が変化し、常温を外れて高低温になると効率が悪くなり、一定の出力を保つために半導体レーザーに比較的高出力を要求する。半導体レーザーは熱に弱く、使用できる温度や電流に限界があって、熱を拡散する機構を備えても一定値を超えると劣化する。そこまでいかなくても、近い状況を繰り返すと劣化が進む。これが理由で、適さない環境下で使用していると劣化が早く、レーザーが点灯しなくなる。我が社の商品には電流を制限する機構が付加されており、使用温度範囲を超えると暗くなったり点灯しなくなったりすることがあるが、こうした劣化を防いでいる。

台湾や中国のメーカーでは、そんなリスクを考慮しない商品が常識であり、欧米のマーケットも価格優先で、これを受け入れていた。一般のユーザーには、見えにくい部分だ。それでも、日本市場に販売する場合、考慮するのが常識だと考えていた。

海外工場で生産する場合、こうした点が心配で、こちらで設計した制御回路で製作した。使用する部品も制限した。特にスイッチなどの接触部品は信頼性にばらつきが生じやすい。型番まで指定、あるいはこちらから支給する場合も多かった。彼らからして見れば過剰品質だが、日本人にとっては当然の要求だ。こうした日本特有の仕様や要求が、携帯電話をはじめとする日本市場のガラパゴス化といわれる所以であろう。

日本市場のガラパゴス化

日本市場のガラパゴス化は、2種類あるように思う。一つは品質、信頼性。多少過剰な部分はあるかもしれないが、買ってすぐに壊れるなど論外で、必ずしも過剰だとは思わない。もう一つは機能、使い勝手。様々な機能は付いているに越したことはなく、人間工学を駆使して使用感が追求されている方が良い。ただ、そこにはコストとの兼ね合いがある。基本機能が同じで必要な要素を備えていれば、価格が2倍3倍、場合によっては一桁変わってしまうなどの状況は、やりすぎかもしれない。途上国はもちろんだが、欧米でも基本機能が備わった低価格商品が主流だ。

日本と欧米のこうした違いは、生活習慣や文化の違いもあるだろうが、最近よくいわれる格差の拡大の程度もまだまだ違っているのかもしれない。

第9章 コストダウン

市場価格の低下

いずれにせよ、輸入商品の参入が増えてきたことで、価格低下の圧力が強まってきた。我々も、それに対応して大幅にコストを下げていく必要が出てきた。生産コストを構成する要素としては、調達する直接材料部品代、間接材料代、組み立て検査に関わる直接的な工数、検査設備や工場の場所に関わる費用、管理に関わる間接的な工数、電気代や治工具等の付帯的な費用などがある。最初は使用する部品などを海外手配に変えた。かなり違いは出た。また、組み立て検査を国内でやることで安心感は強い。ただ、それだけでは不十分になってきた。特に数量の多い機種から、台湾、中国生産に切り替えていった。

中国工場

当時の中国工場の工賃は、一人当たり月２万円程度だったであろうか。日本と比べるともちろん安い。その後、リーマンショックの影響で世界的に景気が落ち込み、中国も経済対策としてかなりの公共事業投資を行った。農村部などの地方にも相当なお金が流れたようだ。これによって地方に仕事が生まれた。元々工場の組み立て作業などは、農村出身の出稼ぎ労働者が多い。地方に仕事がなく、そうせざるを得なかった。年間最大の大型連休である春節には、多くの出稼ぎ労働者が地方に里帰りした。故郷が良いのか、もっと条件の良い働き口を見つけたのか、約１割は休みが終わっても工場に戻ってこないと聞いていた。それが、公共事業などで地方にも仕事ができたためか、ある時期から３割程度が戻って来なくなったらしい。どこの工場も困り、工賃は一気に上がっていった。

それでも、まだまだ人件費には差がある。部品代の差も大きい。前述の通り、電子部品は数量によって購入価格が極端に違う。たとえば、あるコンピューター周辺機器工場では欧米向けに通信機能付きのマウスなどの商品を月に１００万台生産していた。我々が扱うのはロット１０００台程度。３桁違う。通信用の半導体は、１セット分５００円を超え、コストの大きな部分を占める。その調達費だけでも相当な額の差が出る。他の電子部品でも同様だ。

金型やプラスチック成型部品でも、輸入競合他社はグローバル商品と共通化してコストダウンを図る。こちらは、顧客からデザインを指定されるとそういう手は使えない。ただ、電子部品ほどの価格差はなく、金型も安い。

中国工場の規模は、出荷金額から推測できる。同じ出荷金額なら、日本の工場の10倍を想定すればよい、と聞いたことがある。少しオーバーかもしれないが、当たらずとも遠からずなのかもしれない。

中国では固定費、間接費も安い。日本では工場で綿密に様々な管理がなされ、固定費、間接費のウェイトが高くなる。本社など間接部門の経費も大きい。その分、安心安全が担保されるのだが。中国で生産工場を持つ会社は、ＥＭＳ、即ち生産を請け負って生産に特化する形態で始まっている場合も多く、工場、本社ともに間接部門のウェイトは低い。例えば、中国に１０００人規模の工場を持ち、台湾本社に技術部門、営業部門を置いている台湾企業の場合、本社は日本の中小企業並みの陣容で、技術部門で所謂研究開発はほとんどなく、設計に特化されている。営業も限られた企業が相手で、少人数でこなしている場合が多い。

スピードも速い。営業担当が顧客の要望を受け、工場と調整する。指示するといった方が良いかもしれない。金銭的な決済が必要な場合、直接社長や決裁者に電話して決済を仰ぐ。部品などで品質納期に問題が生じた場合は、その場で電話して情報を得、相談して決めてしまう。現地で会議をすると、課題を持ち越すことはあまりない。

営業担当は、女性が多い。彼女達は妥協しない。あまり融通は利かないが、目的に向かって真っすぐに進んでいく。味方にすれば頼もしく、敵に回れば何と恐ろしいことだろう。迷ったり立ち止まったりしている男性エンジニア達は、彼女らの指示でぐいぐい引っ張られていく。「女性の活躍」とは、こんな姿をいうのだろうか。

日本企業

日本の大手企業は、高度成長期を経てどんどん拡大し、業務や組織が膨張した。業務内容も高度化、専門化した。何かトラブルが発生すると、それに対処する新たな組織機能が加わり、それが積み重なった。時代とともに常に見直しが必要だが、後手に回りやすい。従業員は懸命に与えられた業務に集中する。ボトムアップの性格が強い組織では、組織が自律的に時代の変化に対応して新たな業務を作り出す。マネジメントは受け身になる。

処遇の人事が多い。その結果、上からの指示を下に伝える、下から上がってきた事項を判断する、判断できないものは上にお伺いを立てる、そんなマネジメントになっている。

一体誰が全体のことを考えているのだろうか。

階層も多い。海外で副社長（バイスプレジデント）といえば、財務などの本社主要部門のトップ、あるいは事業部門トップの場合が多い。日本では副社長は副社長、その下に○○部門担当役員、××事業部担当役員などがいて、事業部長がいる。中間管理職の階層も多い。

意思決定は稟議書を回す。下から起案し、順に上へ、さらに横に回っていく。担当者や中間管理職は自ずと社内に目を向ける。如何に稟議を通すかが重要な目標になる。良い面もある。様々な視点でチェックし、石橋を叩いて渡ろうとする。ただ、今の時代マイナス面が際立ってはいないだろうか。決済が下りた頃には世の中は変わってしまっている。

こうした企業組織は減っているとは思うが、ここしばらくの凋落していった業界を見ると、そんなことを考えてしまう。

生産の海外展開

顧客からのコストダウン要求もあり、既存商品もコストダウンを検討した。まず、自社ブランドとP社共通製品の金型について、台湾内での移転を考えた。台湾メーカーは、取りたい仕事で競合した場合、簡単に（？）安い見積もりを出してくる。品質についても、できる、と言ってくる。だがふたを開けてみると、何を根拠にしていたのか疑問に思う場合が多い。金型移転についても、十分に説明して納得してもらったつもりで準備を進めたが、いざ試作してみると厳しい現実に直面した。結局ギブアップし、元に戻した。元あったところには頭が上がらない。良い経験になった。

Ｋ社からもコストダウン要求があった。既存シリーズで国内生産していたものを、中国へ移転することになった。すでにＫ社の製品で中国工場と取引していたが、今回はオリジナルのデバイスを使用せず数量も多くないことから、取引していた会社では受けてもらえず、新たな工場を探さなければならなかった。

調査には、台湾の展示会で知り合ったＳ社に協力してもらった。Ｓ社も工場を持っているが、電波法の対応はできなかったため、組み立て工場は、別に探すことになった。大きな会社、工場は、信頼性は高いがロットが小さすぎて受けてもらいにくい。小さい会社は、品質が心配される。そこで、ある程度の規模で管理体制が整っており、日本製品の経験もあり、何よりも積極的な取り組み姿勢を持った会社を探した。広東省で、深圳、東莞、中山にある４社を候補とした。工場へ出向いて見学し、担当者から話を聞き、概略の見積もりを出してもらった。その結果、深圳に工場を持つ台湾メーカーＳＹ社に決定した。見積価格が一番低く、受注に積極的だった。規模が比較的大きく、特に通信機能付き商品を大量に生産しており、それを含む電子部品調達コストがかなり有利だったと考えられる。

S社は通常なら商社的に間に入って何割かの利益を取るところだが、今回はシリーズに赤色レーザー商品も含んでいて、そこにS社のデバイスを使用することで、取引全体には関わらないことになった。コストダウンを進める上で大変助かった。

プラスチック部品は台湾で調達していたため、金型を中国へ移転する必要があった。早速準備に入った。まず、移転先であるSY社のC氏と共に、台湾にある金型を確認しに行くことになった。S氏とともに台北の北側にある工場へ向かう途中、C氏と合流した。待ち合わせ場所に、C氏の乗った車が待っていた。降りてきたC氏をS氏に紹介しようとした時、2人が驚いた表情を見せた。たまたま知り合いだった。世間は狭い。滑り出しは順調だった。

移転の手続きは、SY社のC氏に任せた。台湾から中国への金型の移動、何が待ち構えているのか予想もできなかった。C氏にとっても、初めてだったようだ。問題が生じた。中古の金型は移動ができない、あるいは相当な関税がかかる、というものだった。何とかお願いするしかなかった。いろいろなアイデアを出したのか、少し時間がかかったが、何とか解決策を見つけてくれた。金型は、東莞の金型、成形メーカーに収まった。そこも台湾系で、金型、成形に特化した工場だったがかなりの規模を持っていた。金型はK社の資産だったため、管理には神経を使った。キズなどないかチェックし、写真を撮り、管理体制を確認した。

グリーンレーザーは、一筋縄ではいかない。出力安定性については、我が社が開発した手法で解決できているが、モジュールの全般的な品質は満足できるレベルには達していなかった。モジュールを一旦日本に輸入し、全品検査して中国に供給することにした。

組み立て工程においても、扱いに注意が必要だ。モジュールは熱に弱い。消費電力が比較的大きいため、モジュール自体が熱を発するが、それをうまく逃がさなければならない。熱は空気層があるとこもってしまう。隙間なく、何かに密着させなければならない。ここは、手作業で接着剤を充塡した。こうした作業は特に神経を使う。日本では、常識的に細かい説明が必要ない部分でも、あえて具体的にきっちり伝えなければならない。一方で、リスクを踏まえた細かい指示はかえって作業を安定化でき、国内でもやっておくべきことなのかもしれない。

ＳＹ社の中国工場では、主にマウスやキーボードなどが生産されていた。これらは比較的シンプルだ。決まった手順に従って、部品を装着していく。調整工程もほとんどない。それに対し、グリーンレーザーポインターは複雑だ。途中に微妙な調整や測定が入る。はんだ付けもある。スタッフが神経を尖らせてチェックしていた。組み上がった商品は、全数検査を行う。ＰＳＣ認証に則った測定も含まれる。外観も日本品質が要求されるため、いつもと違う目が必要だ。

付属のポーチも手間取った。外注になるのだが、こちらの要求に対応できるメーカーがなかなか見つからない。ようやく1社、日本向け商品を扱っていて品質レベルが高いというメーカーが見つかった。出向いて行って、これまでに扱った商品を見せてもらった。すると、何と今要求しているポーチそのものが出てきた。偶然にも、従来取引していた台湾の会社が作らせていたのがこの工場だったのだ。

こうして完成された商品は日本に出荷され、到着後再び全数検査を行う。一旦梱包された商品を、再び開梱する。二度手間にはなるが仕方ない。梱包材を分けて輸入すると、関税などで不利になる。検査ではさすがに少数だが、それでも不良が見つかる。不良原因を分析してフィードバックし、改善を求める。

何度も中国に足を運び、様々な問題が生じては解決し、ようやく移転作業は終了した。

中国人スタッフ

ある時、製品立ち上げのために中国工場に滞在していたとき、工場で働くある女性と夕食に出掛けた。営業担当がおらず、少し英語が話せるということで、工程管理を担当していた彼女がこの役目を命じられたのだろう。一緒に食事をしながら、彼女自身のことを聞いてみた。まだ23歳だが、一般の工員と違って大学卒業後就職し、管理的な立場にある。実家は遠く離れていて、工場内の寮に入っている。普段は朝早くから夜だいたい10時頃まで勤務している。夕方一旦職場を離れ、夕食を取る。土日は英語学校に通っている。フルタイムだと言っていた。一週間、かなり忙しい。休む暇もない。どうしてそんなに頑張れるのか、何を目指しているのか聞いてみた。特になりたいもの、やりたいことが具体的にあるわけではない。ただ、今一生懸命頑張れば、いずれ可能性が広がる。将来のために頑張っている、そう話した。最近の中国は、結構行き詰まった様子や就職難が報道されている。それでも、閉塞感の漂う日本と比べると、将来の可能性は若い人達には実感できているのかもしれない。

中国の工場は、台湾系であっても中国人エンジニアも多い。彼らはなかなか海外へ出ることは難しい。ある時、中堅エンジニアに香港の展示会へ行く機会が与えられた。距離にして２００㎞あるかないかのところだが、近くて遠い国境の外、目を輝かせ飛び上がって喜んでいた。

台湾人マネージャー

台湾系の中国工場では、マネージャークラスは台湾人が多い。彼らは自国で選挙があると大抵投票に帰国する。選挙が近づくと、若い人も政治の話題で盛り上がる。最近台湾でも香港でも学生を中心とした政治活動が報道されたが、政治への関心は高い。

経営者や幹部の人達と食事をしても、お互いの国の政治や国際情勢が話題になることが多い。日本の政治の問題点などを話すと、何故、何故と不思議がられる。日本は素晴らしい国で、彼らの憧れらしい。

P社モデルの海外展開

P社でも、ペンタイプをモデルチェンジして海外展開することになった。筐体はプラスチックではなく金属製で圧入工程が入る。P社からは細かい指摘も予想される。小回りの利いた対応が必要だ。こうした状況を踏まえ、コストを重視しつつも中国ではなく台湾メーカーMF社を選んだ。

元々デザイン性に優れたモデルで、コンパクトにするために単5乾電池を使用していた。ところが単5乾電池は入手が難しく、電池寿命も短くなってしまう。そこで、全長が少し長くはなるが単4乾電池を使用するタイプとした。また、コンパクトな割にはパイプ素材と肉厚の関係で重量が重かったため、筐体にアルミパイプを用いることにした。

ペンタイプでは、一般に金属筐体を通じて電池の後方の電極電位を前方に伝える。このため、金属筐体の接触部分は確実に導通していなければならない。多くのペンタイプのレーザーポインターは、材料に真鍮を使用している。さらに、導通を強化するために、ニッケルメッキを施す場合もある。きっちりと接触していれば、導通に問題はない。ところがアルミニウムの場合、素材自体は高い伝導性を持つが、表面は空気に触れるとすぐに酸化して電気を通しにくくなる。したがって、接触部分はメッキなどによる対策が必須となる。

案の定、P社の担当者から様々な指摘を受けた。MF社の社長はメカ設計を得意とし、自ら図面を描いていた。このモデルも同様で、P社の指摘に対応するため機構が変更され、部品が追加された。

通常、同じ目的を達するためには構造はできるだけ単純な方が良い。部品はできるだけ少ない方が良い。コストも安く、信頼性も高い。できることなら要求事項を満たすシンプルな構造に見直すべきだが、設計はある程度進んでいる。今更戻るのも大変だ。MF社の社長がメカ設計を得意とするだけに、見直しを申し入れてモチベーションを下げてもいけない。結局機構、部品を追加する方向で対応した。

台湾企業は結構淡白に反応することがある。このケースも、P社の細かい要求がいくつも出てきた際、MF社社長が「もうこの仕事はやめよう」と言い出した。これに対し、「P社は我が社にとって大切な顧客だ」「やりかけた仕事を投げ出すのか」と強く主張して、何とか繋ぎ止めた。MF社に限らず、台湾では何度か同様の経験をした。受注の際の積極性とは対照的だ。

P社の要望の一つに、スイッチの耐久性があった。これは一般の商品でもトラブルの原因になりやすく、指摘には頷ける。これまでは、ほとんど日本の有名メーカー品を使用していた。顧客によっては、型番まで指定されていた。今回最初にMF社が選定していた部品に問題が生じた。サンプルで接触不良が頻発した。P社は原因の究明を求めた。台湾企業が一番いやがりそうな要求だ。普通なら、さっさと別の部品に替えてしまう。しかし、P社はその原因をきっちりまとめないと気が済まない。材料は何か、ロットはどれか、トレーサビリティーは取れているか。こちらの要望に、台湾企業は懸命に対応してくれた。スイッチメーカーは韓国で、台湾企業が中小企業だったこともあり、まともな回答はなかなか得られなかった。結局メーカーを替え、落ち着いた。

組み立てラインはしっかりしていた。小さいながらしっかり管理されていた。手作業は、できるだけばらつかないように、数値化できる部分は数値化されていた。治工具も工夫されていた。台湾にしては少しコストがかかるが、まずまずのレベルの仕上がりだった。2010年末、初出荷にこぎつけた。

エアマウス、プレゼンター機能付きレーザーポインター

プレゼンテーションでは、パワーポイントのページ送りを操作するような、所謂プレゼンター機能を持ったレーザーポインターも有効だ。そうした商品は我が社も製造して供給し、協力していた他社から出していたが、我が社独自のブランドでは持っていなかった。我が社では、これまでOEM中心のビジネスを展開してきた。さらに前進するために、自社ブランドも充実させたかった。そこで、より差別化を図ったエアマウス、プレゼンター機能付きグリーンレーザーポインターを企画した。P社もこの企画に乗ってきて、共同で進めることになった。自社にない技術領域や、生産コスト低減の目的もあり、この機種はS社に委託することにした。

S社もすべての技術領域をカバーしていたわけではない。S社は営業力が強く、いくつものメーカーがグループを形成し、その中核企業の位置付けにもなっていた。結局Gセン

サーを含むエアマウス周辺の制御、プレゼンター機能はF社が、組み立てはS社が担当することになった。グリーンレーザーモジュールはS社も生産しており、安定化のための主要部品は我が社が供給し、それを組み込んだS社のモジュールを使うことにした。

台湾や中国では、よく経営者や幹部が集まる。出張で会社を訪問した後、一緒に食事に出掛けると、様々な会社の経営者などが加わってくることがある。日本でも高度成長期、飲食、麻雀、ゴルフによく中小企業の社長がつどっていた。こんなところで協業や仕事の融通がなされていくのだろう。S社もその中心的な存在だったに違いない。

検討は進み、ほぼ仕様は決まった。ところが、突然P社が離脱した。P社が加わることでまとまった数量になっていたのだが、たちまちロットサイズが問題になった。我が社だけではそれ程の数量は必要としない。アセンブル工程もそうだが、電子部品の調達コスト、金型代、ファームウェアの開発イニシャルコストなど、数量に直接影響される要素が多い。S社が難色を示した。せっかく企画して仕様もまとまり、国内にない商品で面白いと思っていたので、是非商品化したかった。S社との押し問答がしばらく続いたが、ついに折れてくれて受けてもらうことになった。

S社で生産が始まった。特にグリーンレーザーモジュールの生産は心配だった。鍵になる調整プロセスなどをチェックし、何とか許容できるレベルに仕上がった。組み立て、検査を経て、商品は完成した。

第10章 様々な出来事

訃　報

2011年7月、訃報が入った。この事業を立ち上げるきっかけを作ってくれた広島のK氏が亡くなった。葬儀に参加し、思わず号泣してしまった。彼には心から感謝している。彼の分も頑張りたい。

税関調査

一度税関調査が入ったことがある。担当者が来社し、輸入に関連する資料をチェックして、関税が適切に支払われているかをチェックする。関税は、輸入消費税、物品ごとに決められた税率で支払う関税などがある。通常、レーザーポインターを商品として輸入した場合は輸入消費税のみだが、プラスチックの部品や付属のポーチなどを単独で輸入した場合は、別途それぞれの関税がかけられる。我が社では、もちろん決められた通りに関税を支払っていた。というか、インボイスに荷物の内容を記すと、通関時、その内容に従って関税が決められていた。紛らわしい場合などは、税関から電話がかかってきて、内容を説明した。

まず問題はないだろうと思っていたが、一つ指摘を受けた。金型の償却費用だ。輸入消費税は、通関時にその商品が持っている価値に対して課せられる。通常は、その商品の輸入価格がそれに相当すると考えられる。レーザーポインターの場合、使用する部品にいくつかの金型を使っている。これらの金型は日本側の資産となっている場合があり、現地企業に預けて生産に使用している。したがって、商品の輸入価格には金型の償却費がのってこない。厳密にいうと、商品価値としては、この金型償却費が含まれていなければならない。これは気付かなかった。指摘に従って、追加で関税を支払った。

税務署調査

税務署の調査も、数年間隔で2度あった。調査は2日を要した。女性の調査官だった。

税理士の先生にも立ち会ってもらった。もちろん、正直に記帳しているので、大きな問題はなかったが、在庫の評価などでいくつか指摘された。例えば仕掛品。部品と完成品の評価額は明確だったが、仕掛品については複雑なので、明確に定義できていなかった。確かに、実際とは差異が出てしまう。長い目で見れば、いずれ完成品になって付加価値は上がるのだが、当期の付加価値か、次期の付加価値かの違いになる。結局、簡易的に評価基準を定めることにした。

ミスもあった。輸入品は通常先払いになる。先方は入金を確認後出荷する。期末ギリギリに出荷された商品や部品の場合、期をまたぐタイミングでは、支払いは済んでいるが、まだ在庫になっていない状態だ。帳簿上は在庫になっていなければならなかった。それが、現品確認によって期末在庫を確定させていたために、帳簿と在庫リストがずれてしまっていた。直ちに修正した。

ＳＹ社からの移転

２０１２年になって、取引していたＳＹ社で問題が発生した。会長が社長を更迭し、方針を大きく転換した。これまでそう大きくない取引も行っていたのだが、今後は年間取引額の最低基準を設けるという。当然我が社からの注文はそれに及ばない。多少の猶予はあるものの、移転先を見つけなければならない。ある程度の在庫を確保し、新たな工場を探索することになった。ＳＹ社の営業担当Ｃ氏が責任を感じ、協力してくれた。

これまで中国のパソコン周辺機器アセンブル工場は7社程見てきたが、いずれも台湾系だった。今回は、中国系の工場ＮＷ社が候補に挙がった。社長は元々同業の工場で責任者をしており、独立してこの会社を設立した。すでに数十億円の売り上げ規模を持ち、日本の大手パソコン周辺機器メーカーとも取引をしていた。成長著しく、新たな工場を建設中だった。この規模は、日本でいえば大企業だ。従業員も２５００人いる。それでも、結構具体的な内容まで社長が対応してくれた。

クリスマスの中国訪問

年末に中国を訪れたときは、異様な雰囲気だった。尖閣問題がまだ尾を引いていたのと、クリスマスが重なっていたせいかもしれない。香港空港から、いつものように乗り合いタクシーでボーダーへ向かおうと乗り込んだ。普通なら日本人を含めてアジア各国の人を見かける。欧米人も少しいる。だが、どう見てもほとんど中国系ばかりだ。ボーダーに到着した。中国、台湾、香港は左、その他は右。皆左へ向かう。右側は多少は並んでいるはずなのに、誰もいない。入国カードを書いている間も、イミグレーションを通過する時も、結局一人きりだった。建物を出た。いつもは工場の手配した車の運転手が待っているのだが、まだ来ていない。不安が募る。しばらくして、やっと運転手がやってきた。何とか事なきを得た。

食事もクリスマス仕様しかなかった。街へ出れば別だったかもしれないが、ホテルのレストランは特別料理ばかりだった。クリスマスはビジネスには少しつらい。

海外出張

レーザーモジュールに始まり、部品調達、海外生産など、海外との取引が多くなっていった。それに伴い、出張も増えた。会社を長く空けるわけにはいかなかったため、数日の出張が多かった。振り返れば台湾、中国、香港への出張が70回を超えていた。

今後の展開

スタートした時には、国内市場もまだ数社の参入しかなく、その後輸入販売の企業も増えて市場が成長していったグリーンレーザーポインター。その後、価格の低下に伴って市場も拡大し、それに対応すべく台湾および中国での部品調達、アセンブルを進め、当初と比較してかなりのコストダウンを進めた。我が社も売上高が拡大し、それなりの利益を確保することもできた。だが市場は成熟しつつあり、当面は大きな柱であり続けるが、いずれ頭打ちになることが予想される。レーザーポインターに代わる柱が必要だ。とはいえ、一気に創出するのは難しい。そこで、すでに展開している産業分野をさらに充実させ、技術のすそ野を広げていく。そうした分野自体を主力事業として育てつつ、用途を拡大し、新たな柱になる事業を模索していく方針を立てた。

それを支えるのは人材だ。３名増員した。

採用

我が社の規模では、求人は概ね中途採用になる。新卒者を採って育てていく余裕はない。ただ、ずばりの経験者はそう簡単に採用できるものでもない。海外で経験したように、たとえ専門外でもポテンシャルが高いと慣れれば活躍が期待できる。そんな目で採用活動を進めた。今の日本では、（昔からそうかもしれないが）優秀な人材は大企業に集中する。何らかの事情でそこからドロップアウトした人、あるいは能力はあるけれども埋もれてきた人などが狙い目になった。

募集はハローワーク、求人情報誌、インターネット求人サイトなどを通じて行った。ハローワークは対応が丁寧で、費用も掛からない。それなりの応募とそこそこの結果が得られた。組み立て作業などのアルバイト募集では、求人情報誌がよくマッチしていた。確実に応募を集めることができた。効果的だったのは、主に女性向けの求人サイトだった。「英語が話せる人」「社長アシスタント」を募集すると、多数の優秀な応募者が得られた。1人の募集に150名ほどの応募が得られたこともあった。内容も、TOEIC900点超え、国公立や関西の有名私立大学卒業、海外経験ありなど、どうしてこんな人達が巷に溢れているのだろうかと不思議なくらいだった。ただ、定着率はあまりよくなかった。結婚や配偶者の転勤など生活上の事情もあるが、元々キャリアアップが目的、というケースも多かった。あまり男性女性で区別するのは好まないし、それぞれ人によるのだとは思うが、傾向として男性は定着率が高く、仕事を遂行する上で「会社」にウェイトを置く割合が高いと感じた。もちろん、女性も決められた仕事は責任をもって遂行してくれるのだが。

いくつもの困難

思えばこれまで何度も困難にぶつかってきた。何とか解決策はないか、考えても考えても、前後左右どこを見渡しても突破口が見つからない。閉塞感が漂う。そんな時、ふと思いもよらないアイデアが浮かぶ。帰りの電車で外を眺めているとき、湯船でぼーっとしているとき、夜中に急に目覚めたとき。多くは異なる視点から問題を見ることによる。また、思いもよらぬ人が手を差し伸べてくれ、課題をクリアできたことも多い。

技術的な課題、取引上の課題、マーケットの課題、人など社内の課題。

常に前を向くことを意識して行動していたせいか、困難にぶつかった時の印象は薄い。でも改めて振り返ってみると、あんなこともあった、こんなこともあった、次から次へと思い出される。よく前に進んでこられたものだと我ながら思う。

第11章 闘病と会社譲渡

身体の異常

年が明けて2013年、1月中旬だった。ある時、洗面所で鏡を見ていて首の左側、鎖骨の上辺りが少し腫れているのに気付いた。何だろう。触ってみると結構硬い。痛みはない。よく分からないまま様子を見ることにした。翌日も、その次の日も、腫れは引かない。1週間ほどして心配になり、会社近くの医院で診察を受けた。医師は、すぐに大きな病院で検査を受ける必要があると、その場で病院を予約し紹介状を書いてくれた。

数日後、病院へ行った。血液内科だった。悪性リンパ腫、内臓のがんの転移などが疑われた。いくつかの検査を受けた。CT、甲状腺エコーなどが実施された。生検も行ったが、細胞が僅かだったことなどから原因の特定には至らなかった。この時点の腫瘍の大きさは2〜3cmだった。医師は、現時点で原因を特定できず、しばらく様子を見てからPET検査を受けることを勧めた。しかし、不安な状態を長く引きずることはできない。できるだけ早く受診できるようにお願いし、2月の中旬に予約を入れた。

ＰＥＴ検査の数日後、たまたま台湾出張が決まっていた。会社を出て地下鉄で天下茶屋まで行き、南海電車のホームで関西空港行きの電車を待っていた。その時電話がかかってきた。病院の医師からだった。ＰＥＴ検査の結果が病院に届いたらしい。午後病院に来られるか、と聞かれた。事情を説明して、とりあえず台湾へ向かった。

帰国後、病院に行って診察を受けた。耳鼻咽喉科頭頸部外科で診察を受けるよう指示された。再び各種検査を受け、生検も行った。病名が確定した。下咽頭がん、すでにリンパ節に転移しており、腫瘍は3～3・5㎝になっていた。定義からいうとステージ4ａになる。早速入院することになった。最初に抗がん剤を投与し、一旦落ち着いてから手術、少し時間をおいて2クールの抗がん剤治療と約1・5カ月の放射線治療を行うことになった。約4カ月はかかる。入院まで約10日間。

最初に診察を受けてからがんの特定まで、1カ月以上掛かった。下咽頭がんの場合、多くは首のリンパ節に転移する。逆に、首のリンパ節が腫れた場合の下咽頭がんの確率はかなり低い。医師は確率の高い方を疑って検査を行い、結果的にがんの発見に時間を要した。治療は、下咽頭については放射線で、転移したリンパ節周辺は手術で、それらと並行して、あるいは前後に抗がん剤で行うことになった。頭頸部外科の主治医は手術前、リンパ節は取るが頸静脈は微妙、迷走神経は大丈夫だろうと言っていた。ところが結果的には頸静脈も神経も取ることになった。手術前に確認していたデータから手術まで、あるいは手術前の抗がん剤まで結構時間が経っていた。がんの進行が速く、その間に成長していた影響が出ていたのかもしれない。

『家庭の医学』やネットでのがん情報を見ていると、メインは病名から症状を説明する内容だ。時々症状から考えられる病名の説明が見られる。医師の行っている診断行為はまさに後者だ。医師の専門分野の振り分けは前者だ。ここに取りこぼす要因が潜んでいるのかもしれない。

症状から可能性のある病気をリストアップするシステムが紹介されている記事を、以前新聞で見た。診断自体は超アナログ的でそう簡単ではないと思うが、そんなシステムをうまく活用すれば、難しい人間的な部分に、より一層力を注げるのではないだろうか。

闘病と会社譲渡の準備

会社をどうするか。このまま会社を離れてしまうと、混乱は必至だ。経営者不在が続くと、じり貧状態になっていくことが予想される。破綻してしまえば家族は路頭に迷う。従業員は職を失い、生活が立ち行かなくなる人もいる。顧客や取引先にも迷惑が掛かる。この時点で正社員11名とアルバイトが4名いた。当面どうつなぐか、長期的にどうするか、入院までの10日間で具体的な対応策を準備する必要があった。

病気は先が読めない。抗がん剤は効くのか、手術は成功するのか、放射線治療はどうなるのか。ステージから考えて、そう長く生きられない可能性も十分にある。治療が成功しても、どのような生活ができるのかは分からない。分かってからでは手の打ちようがない。確実な方法としては、新しい経営者にバトンタッチし、しっかり引き継いでもらうことしかない。すぐに決断した。

取引先の銀行がM&A部門を持っていた。事情を説明し、できるだけ早く会社を譲渡できるように依頼した。

会社の譲渡は、そう簡単なことではない。決めきれないかもしれない。第2、第3の手も打っておかなければならない。もし銀行ルートで譲渡できなかった場合は、知り合いを通じてある優良企業に経営を引き継いでもらうよう打診した。それもダメな場合、信頼できる親しい友人に、何とか経営をつないでもらうように依頼した。最悪でもソフトランディングは必要だ。幸い、顧客の側も継続的にカタログに載せて販売している商品が多く、ルーチンワークさえ回せば売り上げはしばらく続くはずだ。

当面の運営は、社員の中の数名で経営チームを作り、合議制で行うようにした。治療の状況によっては、指示、助言もできるが、できるだけ任せるようにした。その方が、今後につながる。

それまで経理はすべて自分でやっていた。とりあえず、日常の出金や送金は、従業員に任せた。給与の支払いや記帳は、できるところまで自分で行うことにした。病室にインターネット環境はなかったが、スマホのテザリングを使用し、ネットバンキングなども活用して凌いだ。

会社の譲渡

会社譲渡の話は、入院中も進んだ。手術前後や抗がん剤の副作用がきつい時を除き、病院のラウンジで打ち合わせを重ねた。点滴スタンドを転がしながら、打ち合わせに向かうこともあった。頭髪が抜け、帽子のまま失礼した。

候補のリストアップ、絞り込み。交渉はすべて仲介してくれた銀行に任せた。ターゲットが1社に決まった。先方からすれば、会社の現状、今後の見通しが知りたい。直近の財務諸表が求められた。

我が社のビジネスはＯＥＭが中心で、売り上げはまとまった単位で上がる場合が多い。扱う商品の特性上、季節変動も大きい。したがって、月次で締めてもあまり意味がない。

また、年次の途中経過をあるタイミングで見ても、どの時点かによってかなりブレる。もちろんキャッシュフローは正確に見ておく必要があり、常に確認していたが、売り上げ、損益は細かく区切っては見ていなかった。それが、月単位で求められた。そんな体制も整っていなかった。

とはいえ、一般的に考えてその要求も当然だ。対応せざるを得ない。急ぎ病室で直近の月末時点での会計資料を取りまとめ、会社に指示して臨時の棚卸しも行い、税理士の先生に資料を送ってまとめてもらった。時間が掛かった。資料がまとまった頃にはすでに月をまたぎ、直近ではなくなっていた。相手にとっても大きな買い物で、簡単ではない。資料を検討し、さらに直近の状況を求めてきた。併せて、条件交渉にも入った。時間の経過とともに、提示額が下がっていく。だが、金額よりも確実に譲渡することが先決だ。交渉が煮詰まらない中、時間だけが過ぎていく。自分には猶予がない。代案を立てるだけの余力もない。

7月に退院した。治療が功を奏し、幸いがん自体は検査で見つからない状況になっていた。ただ、状態は良くなかった。放射線治療で焼けただれた喉の痛みを抑えるため、麻薬などのきつい薬を使い、その副作用が出ていた。3度目の抗がん剤治療がきつく、尾を引いていた。また、手術でリンパ節、頸静脈と迷走神経を切除したため、循環や自律神経が乱れ、バランスが崩れていた。首に体液などが溜まり、浮腫んだ。反回神経も麻痺し、片方の声帯が開いた状態で固まり、ひそひそ声しか出なくなっていた。何とかコミュニケーションは可能だった。ステージが進んでいただけに、再発リスクが残っていた。仲介人に早く決めるよう、何度もお願いした。こちらの状況は、十分理解してもらっていた。通常よりは、十分早く進んでいたに違いない。退院後しばらくして、ようやく詰めに入ることになった。

相手も紳士的にこちらの状況を配慮していた。体調を常に気遣ってもらっていた。

譲渡完了

会計士が来社し、デューデリジェンスを行った。いくつか指摘はあったものの、無事終了した。こうして9月末、会社を譲渡し、経営を引き継いだ。ありがたかった。背負っていた大きな大きな荷物を、やっと下ろすことができた。

会社が手を離れ、寂しくないといえば嘘になる。しかし、この時はそれ以上に、いや寂しさをほとんど覆いつくすくらい、安堵感が勝っていた。

これからどんな運命が待っているのか。医師からは、来年の桜は見ることができると言われた。さあどうしよう。やっと自分のことを考えることができるようになった。

おわりに

こうして振り返りながら書いていると、当時の感覚が蘇ります。その時は何となく感じていたことが、こうだったんだとかなり明確に認識できることも少なくありません。漠然と方向性を感じつつ現実的な選択をし、目の前の課題に立ち向かいながら歩みを進めてきました。時には回り道をし、後退もしつつ、結構自分の意思には忠実だったと思います。

決して進む道を描いて計画的に生きてきたわけではありません。迷い悩みながら進んでふと振り返ると、何となく道ができていた、そんな感じでしょうか。

退院後経過は順調で、その後の検査でがんの再発や転移は見つかっていません。また、麻痺した声帯にシリコンを埋め込み、声も少し出るようになりました。医学の進歩と、優秀で熱心な医師のおかげです。

考えてみると、様々な状況で多くの方々に支えられ助けられてきました。海外や金融といった不案内な分野に目を開かせてくれたM氏、レーザーという魅力的な市場に導き、決して得意ではない営業の糸口を作ってくれたK氏、二人三脚でスタートダッシュを担ってくれたT君、今は亡き3人と会ってお話しできないのは残念でなりません。

顧客はもちろんのこと、国内外の取引先、苦労を共にしてきた従業員、身体を気遣いながら会社を引き受けていただいた譲渡先の経営者ご夫妻には心より感謝しています。

最後に、校正段階でいただいた数々のご指摘を見るにつけ、自身の基礎的な国語力の欠如を今更ながら思い知らされました。カバーのデザイン等も含め、未熟な作品を書籍にまとめ上げていただき、出版社の方々には感謝申し上げます。

奥田　光（おくだ　ひかる）

本名、奥田啓二。1957年、大阪市生まれ。京都大学工学部卒業後、ミノルタカメラ株式会社（現コニカミノルタ株式会社）入社。2000年、同社退職。エスティーシー株式会社を設立し代表取締役就任。2013年、同社を譲渡し退職。中小企業診断士。

E-mail: hikaru@okuda.be

マイベンチャービジネス

2017年7月18日　初版第1刷発行

著　者　奥田　光
発行者　中田典昭
発行所　東京図書出版
発売元　株式会社 リフレ出版
〒113-0021　東京都文京区本駒込 3-10-4
電話 (03)3823-9171　FAX 0120-41-8080
印　刷　株式会社 ブレイン

ISBN978-4-86641-072-2 C0095
Printed in Japan 2017
落丁・乱丁はお取替えいたします。

ご意見、ご感想をお寄せ下さい。

［宛先］〒113-0021　東京都文京区本駒込 3-10-4
東京図書出版